JN176795

# 新QC七つ道具の企業への新たな展開

実践事例で学ぶN7の活用

猪原正守 著

日科技連

# はじめに

新QC七つ道具(N7)は，1969年(昭和44年)に，日本科学技術連盟の主催する品質管理ベーシック・コースの大阪事務所で月例開催されたQC手法開発部会(部会長，故・納谷嘉信 大阪電気通信大学名誉教授)が，8年間に及ぶ研究開発活動によって開発した言語データにもとづく問題解決手法の体系である．その真髄は，新QC七つ道具のバイブル的書籍である『管理者・スタッフのための新QC七つ道具』[38]にあますところなく記述されている．その後，『新QC七つ道具の企業への展開』[17]，『TQC推進のための方針管理』[25]，『TQCの知恵を活かす営業活動－人材育成から仕組みの構築へ』[26]，『研究開発とTQC』[28]，『やさしい新QC七つ道具』[18]などの出版によって，部課長・スタッフによる方針管理活動からQCサークル活動を中核とした日常管理活動における言語データを活用した問題解決手法として活用されている．

新QC七つ道具の普及・発展を支えるこうした書籍が出版され，言語データにもとづく問題解決活動が注目されてから半世紀を経過した21世紀の始まりとともに，20世紀における問題解決手法を支配した要素還元論主義(reductionism)的な考え方から全体論(holism)的な考え方へのパラダイムシフトが注目される中で，新QC七つ道具の開発思想に熱い視線が注がれている．

こうした背景を受けて，拙著[4][5][39]，今里[6]，二見[31]，納谷[27]，浅田[1]，細谷[32]など，新QC七つ道具に関連するいくつかの書籍が出版されている．多くは入門書であるが，浅田[1]は新QC七つ道具の真髄を全体論(holism)との対応から解説したもので，参考になる(ただし，読み通すには，覚悟が必要である)．

本書の出版計画は，2013 年に，日科技連出版社の田中健氏，戸羽節文氏，木村修氏が「新 QC 七つ道具の 21 世紀におけるさらなる活用」を期して企画されたものであるが，筆者の個人的な怠慢によって今日まで出版が遅れた．

浅田[1]も述べるように，21 世紀における厳しい企業環境を乗り越えるための問題解決活動の中で，新 QC 七つ道具のオリジナルな活用方法に新しい視点が追加され，新しい新 QC 七つ道具が芽生えつつある．そうした中で，アイシン・エィ・ダブリュ㈱，関西電力㈱，サンデン㈱，トヨタ車体㈱の各社のご協力で，新 QC 七つ道具の新しい活用事例を出版できることは，この上ない喜びとするものである．これら各社の関係諸兄諸姉には，この場を借りて厚く御礼を申し上げる次第である．

2014 年師走

猪原正守

# 新QC七つ道具の企業への新たな展開
## 実践事例で学ぶN7の活用

## 目　次

装丁・本文デザイン＝さおとめの事務所

# 新QC七つ道具の本質

# 第1章

# 新QC七つ道具とは

## 1.1　2つの事例

「問題とは，あるべき姿と現状のギャップである」と定義される．その問題には，次のような性質の異なるものがある．

**【事例 1】製品の組立工程において，設備の頻発停止，異部品の混入，作業者の突然の欠勤，協力会社からの不良部品・材料の混入など，さまざまな原因で発生する生産計画未達のため残業が発生している．**

**【事例 2】大阪太郎氏は，大阪市内にある 3DK・65m$^2$ の賃貸マンションで，妻，長女（16 歳），長男（13 歳）の 4 人で暮らしている．現在，六畳の部屋に 2 人の子供が 2 段ベッドで寝起きしているが，2 年後には，彼らの大学，高校への進学が予定されている．**

【事例 1】の場合には，生産計画未達による残業が発生している．その原因を特定することは，容易なことではない．

しかし，①頻発している設備停止の現象，②混入している異部品の種類，③従業員の欠勤理由，④納入品の不具合現象などに対する現象別パレート図を作成し，それぞれのパレート図において上位にあるトラブル現象の発生原因に対する「なぜなぜ問答」やデータ解析などの原因分析にもとづいて．適切な対策を実施すればトラブルの発生頻度を低減することが可能である．

その結果，生産計画未達による残業の発生を抑制することができると考えられる．このような発生型問題を解決するため，「問題→現状把握→目標→原因分析→対策実施→評価→処置」の問題解決プロセスが採用される．そのプロセスを的確に実施することで，効果的かつ効率的に問題を解決することができる．

一方，【事例2】の場合には，長女と長男の置かれた状況から，六畳の部屋に同居しているという環境を“あるべき姿”に改善したいという認識がなければ問題は存在しない．しかし，“あるべき姿”が認識されると，それと現状の間には大きなギャップのあることとなる．これを実現するためには，通勤には負担がかかるかもしれないが，「大阪市外に持家を購入する」「4LDKの大きな賃貸住宅に転居する」など，少なくとも複数の解決手段が考えられる．

しかし，それらの手段の効果を実験によって確認することはできないうえに，問題解決に許される時間と投資金額には制約がある．したがって，上記の問題解決プロセスにおける「原因分析」にもとづく「対策実施」ではなく，「目標達成のための対策案の発想→対策案の評価・リスク分析→

| 情報系学科としての持続的成長を図る | 機会(Opportunities)<br>• 情報化社会が進展している.<br>• 社会が問題解決力のある人材を求めている.<br>• 若者のソフト指向が強くなっている.<br>• 受験生の資格取得意識が高まっている. | 脅威(Threats)<br>• 近隣大学に情報系学科が開設されている.<br>• 受験生の理系離れが進行している. |
|---|---|---|
| 強み(Strengths)<br>• 学科には情報系の広い分野の多数の教員がいる.<br>• 関西で最初の私学情報系学科としての歴史がある.<br>• 学生にノートPCを持たせている. | • 幅広い分野の資格取得支援型教育を実施する.<br>• PC活用による問題解決型の教育カリキュラムを編成する. | • 就職支援活動を充実することで，就職内定力を強化する.<br>• 近隣大学との差別化を図る. |
| 弱み(Weaknesses)<br>• 教員の高齢化が進展している.<br>• 女子学生数が少ない. | • ソフトコンピューティング関連の科目を担当できる教員を採用する.<br>• 資格取得と問題解決力向上によって社会で女性が活躍できる教育科目を充実する. | • HPで，理系の魅力の見える化を促進する.<br>• 多様性のある教員構成を促進する. |

図表1.1　SWOT分析の例

対策実施→評価→処置」というプロセスを採用しなければならない．

後述するように，グローバル化・情報化の進展する現代社会においては，これまでの発生型問題を解決するだけでは不十分である．3C(顧客Customer，自社Company，競合他社Competitor)，政治・法令・経済，株主や社会の期待，科学技術などの外部環境の変化がもたらす新たなビジネスへの機会(Opportunities)と脅威(Threats)に対して，保有する資源(財務・知的財産など)，経営機能要因(品質，原価・価格，納期とサービスなど)，顧客やパートナーとの関係性，ブランドなど，内部環境の強み(Strengths)と弱み(Weaknesses)の視点から，中・長期的な組織のあるべき姿を設定し，これを実現するために解決すべき内部要因の問題を設定することが求められる(図表1.1)．

## 1.2　問題とは何か

ここまで，“問題”という用語と“課題”という用語を区分することなく用いている．ここで，本書の考える“問題”について，少し説明をしておきたい．

多くのビジネス書では，問題解決プロセスを**「問題→現状把握→目標→原因分析→対策実施→評価→処置」**と定義し，与えられた・設定された問題に対する現状分析にもとづいて具体的に解決すべきことがらへと展開したものを“課題”と考えている．

これに対して，「目標を設定し，目標達成のためのプロセスを決めて実施した結果，発生した目標とのギャップを“問題”といい，新たに設定しようとする目標と現実とのギャップのことを“課題”という」と考えている書籍もある(例えば，日本品質管理学会標準委員会[16])．

また，方針管理においては，「活動の結果，目標が達成されなかった場合，目標と実績とのギャップを“問題”といい，経営方針の達成のために設定しようとしている目標と現実とのギャップを“課題”という」と考えている場合もある．これらは，目標を達成するためにプロセス(やり方やシステム)を設定し，実施した結果と目標とのギャップを“問題”といい，これから設定しようとする目標と現実のギャップを“課題”と考える立場，すなわち，「“課題”は達成すべきもの，“問題”は解決又は解消すべきもの」と考えている立場である．

飯塚・金子[3]は，同書のpp.10-11において，「“問題”とは，現在そして将来を考えたとき，何らかの対応をしておかなければならない事象を意味しているとしている．“課題”という言い方をして，起きてしまった狭義の問題とタイプの異なる問題を表現しようとする場合もあるが，もちろんその意味での課題を含む」と説明している(下線は筆者)．

このように，問題と課題に対する考え方はさまざまであり，用語の統一的な定義を与えることは難しいが，ここでは，特に混乱がない限り，飯塚・金子[3]の考え方を採用して，すべてを“問題”という用語で統一する．

## 1.3　新QC七つ道具とは

新QC七つ道具(N7：エヌ・ナナ)は，1.1節の【事例2】のような問題に直面することの多い管理者スタッフの問題解決活動を支援する手法の開発を目指して，1969年に，当時の日本科学技術連盟　大阪事務所に開設された「QC手法開発部会」(部会長：大阪電気通信大学　納谷嘉信教授(故人)による8年間の研究成果として完成した図的思考法である[17][25][26][28]．

最近では，職場の不良率低減問題や労働不安全作業問題などに代表される発生型問題の解決活動から，第II部で紹介するように，QCサークル活動が「職場の活性化」や「業務のスリム化」のような“あるべき姿”の実現に挑戦する中で，仮説の生成を支援する手法として，管理者スタッフのみでなくQCサークル活動においても，N7が活用されるようになっている(図表1.2)[17][27]．

N7は，QC七つ道具[1)]や統計的手法[2)]と違って，数値データではなく

1)　QC七つ道具とは，チェックシート，グラフ，パレート図，特性要因図，ヒストグラム，散布図，管理図の7つの道具という．「層別」を「グラフ」の代わりに入れる書籍もあるが，「層別」は考え方であって，手法ではない．

2)　統計的手法とは，検定と推定，分散分析と実験計画法，多変量解析法，品質工学などの数値データを解析する手法のことである．

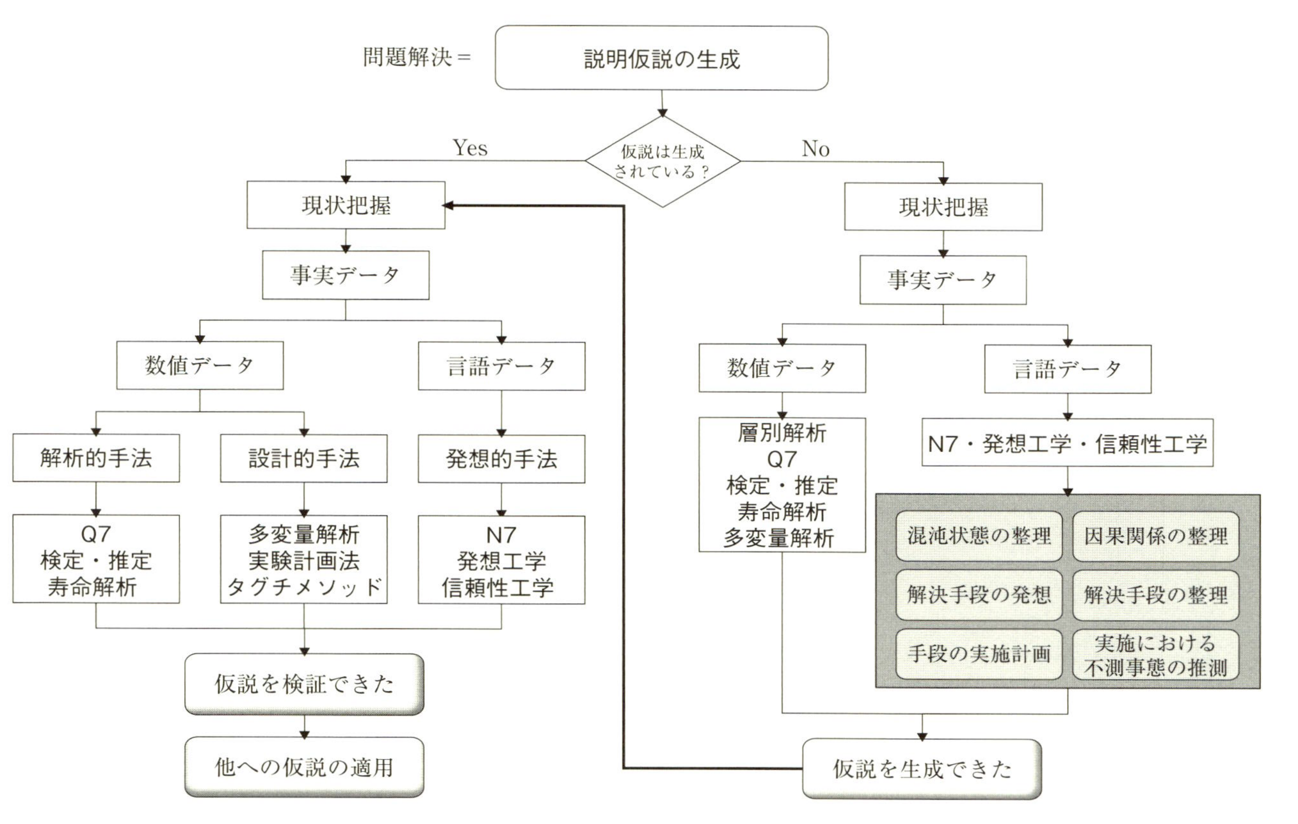


**図表 1.2 問題解決における N7 の役割**

「言語データ」と呼ばれるデータを用いる手法である[3]．企業や組織の外部環境と内部環境を洞察あるいは予測することで“あるべき姿”を設定し，その実現を指向するとき，数値データのみでなく，外部環境の変化に関する言語データの活用が必要となっている．

【事例 2】は企業や組織に関するものではないが，「2 人の子供に個室を与えたい」というあるべき姿を設定することで生まれる問題を解決するという意味で，「職場の活性化」や「業務のスリム化」と類似の問題である．この種の問題を解決するためには，「あるべき姿の設定→目標→原因分析

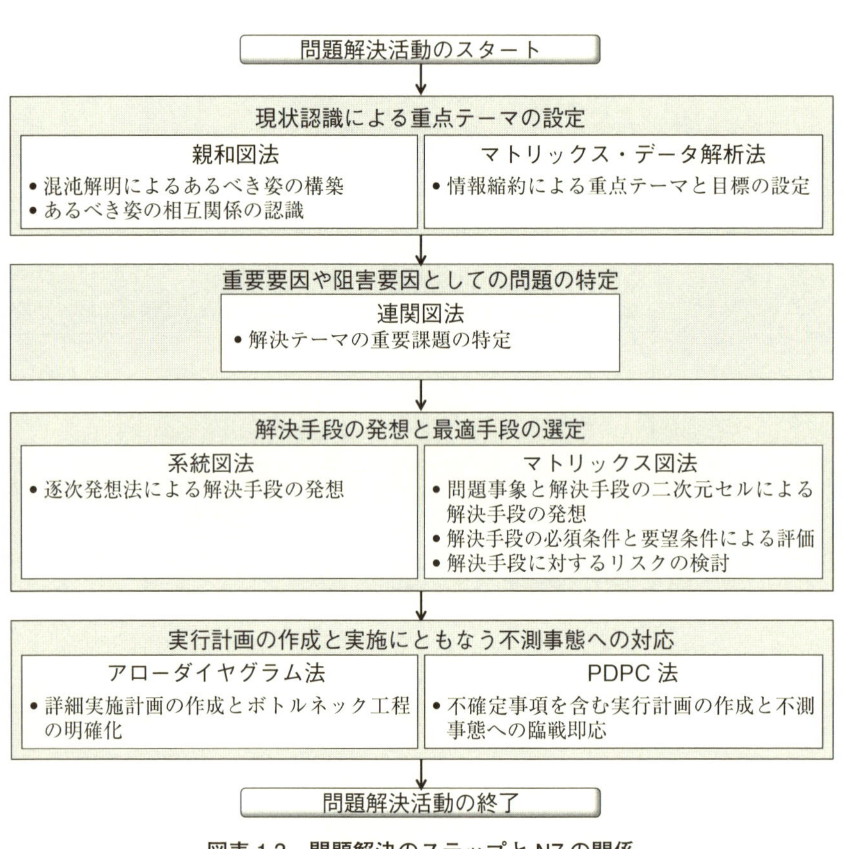


**図表 1.3　問題解決のステップと N7 の関係**

3)　データ(data)とは，datum の複数形であって，本来“数値”なのであるが，言語データとの対比で数値データという．

（あるべき姿の実現を阻害する重要要因の特定）→（目標達成のための）対策案の発想→対策案の評価とリスク分析→対策実施→評価→処置」という問題解決プロセスが採用される．それらのプロセスと N7 の各手法の関係を整理すると，図表 1.3 のようになっている．

もちろん，テーマの設定から問題の解決までを N7 の手法のみで行えるものではない．しかし，言語データを活用した N7 の手法を問題解決のステップに沿って配置すれば，それぞれは図表 1.3 の場面で活用されることになる．

本章では，1.4 節において，「新 QC 七つ道具が求められる企業環境」について考え，1.5 節において，「問題解決における新 QC 七つ道具の役割」について考える．また，1.6 節では，「言語データ」について説明する．

## 1.4　新 QC 七つ道具が求められる企業環境

福島第一原子力発電所事故とその後の処理の問題，自動車ブレーキ機能不全の問題やエアバッグ爆発問題，ボーイング 787 のバッテリー（リチウムイオン二次電池）に起因する電気系統の問題，ノート型パソコンにおけるバッテリー劣化問題など，製品の信頼性と安全に関わる問題が連日のようにマスコミを賑わせている．これらの問題は技術的限界に関する問題であるが，組織内の風通しの悪さに象徴される組織体質に関わる問題でもある．

また，情報技術の進歩に起因する一般消費財を中心としたアナログからデジタルへのモノづくりの変革，消費地の拡大と物流技術の進歩に起因する生産拠点のグローバル化と国内生産の空洞化，アベノミクスと日本銀行による金融緩和政策に呼応した急激な円安の進展と消費税増税による国内消費の低迷，ブレーキのかからない少子化問題など，モノづくり企業を取り巻く環境は不透明度・混迷度を増している．

さらに，解決の糸口さえ見えない南北問題によって，1997 年 12 月に採択された第 3 回気候変動枠組条約締約国会議（地球温暖化防止京都会議，COP3）の遅延が地球環境に深刻なダメージを与え続けている．

このような地球規模で混迷度を増し続ける政治・社会・経済の状況は，我々の解決すべき問題の本質に変化をもたらすのみでなく，問題のとらえ方や解決のあり方に対するパラダイムシフト，すなわち，これまでの**還元論的な分析を主体とした問題解決法に加えて，全体論的な創造・発想を主体とした問題解決法**の必要性を求めている．

ここで，還元論的な考え方とは，「考察・研究している対象の中に階層構造を見つけ出し，上位階層において成立する基本法則や基本概念が，いつでもそれより1つ下位の法則と概念で書き換えが可能，あるいは，複雑な物事でも，それを構成する要素に分解し，それらの個別要素だけを理解すれば，元の複雑な物事全体の性質や振舞いもすべて理解できる」とするものである．一方，全体論的な考え方とは，「あるシステム全体は，その部分の算術的総和以上のものである．あるいは，全体を部分や要素に還元することはできなくて，部分をバラバラに理解していてもシステム全体の振舞いを理解できるものではない」とするものである．

N7は，単に言語データを活用した問題解決手法というだけでなく，全体論的なものの見方・考え方を基本理念とするものである．そのため，今まさに求められる問題解決手法であると言える．

### 1.4.1　再発防止と未然防止

再発防止という考え方は，品質管理に限らず，あらゆる問題解決活動において重要な考え方である．

新製品開発プロセスにおいて，多くの企業では，FTA，FMEA[4)]，DRBFM[5)]などの信頼性工学手法を活用するとともに，あらゆる関係者の叡知を結集した設計審査(DR)を実施している．しかし，上述したようなリコール問題の発生はゼロになっていない．

また，各種画像解析技術，三次元非接触技術，CALSに代表されるコン

4)　FTAとは，Fault Tree Analysis(故障の木解析)のことであり，FMEAとは，Failure Mode and Effect Analysis(故障モードと影響解析)のことである(鈴木[19][20]，益田・高橋・本田[37]，二川[30]，鈴木・牧野・石坂[21])．

5)　DRBFMとは，トヨタ自動車で開発されたDesign Review Based on Failure Mode(故障モードにもとづく設計審査)のことである(吉村[40][41])．

ピュータ支援技術(CAE)，タグチメソッドによる動特性解析技術などの活用によって，コンカレント開発(同時並行開発)を推進している．しかし，垂直生産立上げを実現するには至っていない．

このような現状において，製品化技術やモノづくりプロセスの原理・原則に沿った根本原因分析(RCA：Root Cause Analysis)や PM 分析[6)]あるいは各種の SQC 手法を活用することで，不具合事象の根本原因に対する再発防止，その再発防止策の水平展開による類似事象の未然防止を図ることは重要である．しかも，飯塚[2]が主張するように，その問題解決プロセスから得られた知見からの再利用可能な知恵の獲得をめざすことは，競争優位要因としての組織能力向上の観点からも重要である．

しかし，既存製品の不具合改善や原価改善，消費者の苦情やクレームへの対応などを中心とした製品開発のみでは，競合他社との激しい競争に勝ち続けることはできない．また，製品発売後に，品質，原価，納期，信頼性・安全性などに関する問題を発生させ，「次回の新製品開発で再発防止を図ります」という言い訳が許される状況ではなくなっている．

解決すべき問題がますます複雑化・多様化する中，製品としての品質と原価競争力を兼ね備えた製品を短納期で開発することにチャレンジすること，顧客にとって魅力的な機能／性能をもった製品を，より安く，より早く，より確実に企画設計することが求められている．すなわち，これらの企画設計に携わる技術者には，**再発防止型の問題解決に加えて，予測型／設定型の問題解決へのチャレンジ**が求められている．

そこでは，顧客の声から得られる要求品質を当たり前品質，一元的品質，魅力的品質に分類した**要求品質展開表**と，それらの要求品質に含まれる品質要素にもとづく**品質特性展開表**の組合せである**品質表(QFD)**から，明確なセールスポイントを設定するとともに，部品や製品の品質特性に関する故障モードにもとづく確実な FMEA を実施することで，ボトルネック技術を解決するという設計プロセスを確実に実施する必要がある．N7

6) PM 分析とは，「現象(Phenomena)を物理的(Physical)に，その発生するメカニズム(Mechanism)を設備(Machine)，人(Man)，材料(Material)，方法(Method)の関連性で分析する方法である．

は，こうした設計プロセスを確実にする方法として，PDPC(過程決定計画図)法を提案している．さらに，N7開発後に，PDPC法とQFDを組み合わせた**QNP法**[7)]も提案されている(浅田[1]を参照)．なお，この設計プロセスのあり方については，2014年度デミング賞を受賞したインド企業の取組みが参考になる[23]．

### 1.4.2　あらゆる組織や人の持つ情報の共有化

どれほど画期的な機能／性能を持つ新製品を開発したとしても，それが顧客の求めるニーズと合致していなければ在庫の山となって，企業財務を圧迫することになる．㈱本田技研工業の創始者・本田宗一郎は，「売れない製品は不良品である」と語ったというが，まさに至言である．

顧客ニーズを新製品に埋め込むことはマーケティング部門や設計部門の役割である．そのため，多くの企業では，マーケティング部門が外部専門機関を活用することで得られる顧客ニーズの分析を担当している．しかし，製品開発の最上流であるサービス部門とマーケティング部門との部門間連携は，必ずしも十分ではない．

また，2007年頃から2012年問題として，団塊世代の大量退職による労働構造の変化と技能伝承問題が世間を騒がせた．特に，機械や金型などの自主保全における設備の振動，音，色，匂い，製品切削加工における製品表面のキズや凹凸などの微妙な変化に対する感度や感受性に関する匠の技能伝承問題は，生産設備や加工・組立作業における不具合未然防止のためのアナログ技術と技能のデジタル化を招いた．

しかし，生産部門と製品設計や工程設計を担当する技術部門との不完全な部門間連携が，故障モードにもとづく過去トラや失敗事例集，工程FMEAや作業標準書・作業マニュアルの構築を阻害し，匠の技能の伝承を阻害している(例えば，濱口[34])．

そのため，多くの企業が，モノづくりに携わる企画，開発・設計，生産，物流，販売，サービスの関係部門を巻き込んだ活動として，CFT，

7)　QNP法とは，QFDとbottle Neck-engineering及びPDPC法の頭文字をとったものである．

ワークアウト，シックス・シグマ活動などに取り組んでいる．そこでの成果を最大化するための基本理念は，**あらゆる組織や人の持つ情報の共有化**である．

2014 年度デミング賞を受賞したインドの M 社では，サービス現場の顧客ニーズを関係者全員が共有するための IT システムを活用した情報管理システムを構築している[22]．また，自動変速機のトップメーカー A 社では，PDCATC 法[8)]の考え方を発展した技術・技能伝承システムと現場監督者育成システムを構築している．

### 1.4.3 読み切ること

再発防止型の問題解決活動においては，「問題→現状把握→目標→原因分析→対策実施→評価→処置」という一連の問題解決プロセスが適用されると述べた．この問題解決プロセスは，科学的弁証法の考え方を標準化したものである．

QC 的問題解決法では，「テーマの選定→現状の把握と目標の設定→活動計画の作成→要因の解析→対策の検討と実施→効果の確認→標準化と管理の定着」という **QC ストーリー**が重視されるが，これは上記に対応したものである．ここで，「問題→現状把握→目標→原因分析→対策実施」は，問題解決プロセスにおける Plan の段階，「対策案の実施」は Do の段階，「評価→処置」は Check と Act の段階に相当する．

当初の材料板厚では製品強度を確保できないために板厚をあげたところ原価目標未達になったとか，不完全な設備の日常管理による設備頻発停止から生産性問題や品質問題の誘発がみられる．これらの問題に対する「なぜなぜ問答」の結果として，製品のライフサイクル短命化に伴う新製品開発リードタイムの短縮化，競合他社とのコスト競争激化対応への製品や部品の軽量化，変種変量生産にともなう設備段取り替え回数の増加など，表面的な原因をあげることは容易である．

しかし，その本質は，三現主義(現場・現物・現実)や 5 ゲン主義(現

---

8) PDCATC 法とは，浅田潔氏(当時，日清紡㈱)が開発した手法で，PDCA サイクルと Tracing Chart を組み合わせたものである[1]．

場・現物・現実・原理・原則）にもとづく原因分析の甘さ，取りあげた原因が十分に確信できるまでの読み切りの浅さにある．納谷[25]は，同書のpp.54-55において，この点に関して，以下のように述べている．少し長くなるが，全文を紹介する．

「読み切るとは，計画された方策の連鎖を実行することによって，問題が解決できるはずだという仮説を設定することである．慢性不良減少のための実験の実施でも，分散分析という解析に重点があるのではない．その慢性不良の減少に効く因子を選定することが大切である．このことは当然ながら，その慢性不良に影響すると思われる因子群の中から，特定の因子の効果に関する仮説の正しさが十分確信できるまで，技術的思考を継続し，過去の情報の分析を徹底的に実施して選定することの大切さを示す．これを忘れ，因子の選定を安易にし，データの解析にいかに精密な手法を用いても問題は解決しない」

まさに至言であり，N7は，このような視点から開発されたものである．

### 1.4.4　失敗を繰り返さない問題解決

発生型の問題解決を中心として，あらゆる問題解決において，三現主義的あるいは5ゲン主義的なものの見方・考え方は重要である．しかし，我々の直面している問題の中には，問題の発生原因が明らかになっても，限られた経営リソースや制約条件の中で解決策を発見することが難しいものもある．製品や部品の原価低減問題を考えてみても，鋼板材やアルミ材の単価高騰を受けた板厚が原因であるから軽量化を図ればよいのであるが，寿命問題や信頼性問題が制約条件となって，解決策を見つけることを難しくしている．また，インジェクション溶接工法における製品強度問題を解決するためには，溶接電流を下げ，電流サイクルを長くすればよいのであるが，生産性が制約条件となってしまう．

このような場合，できる限り多数の解決手段を発想するとともに，それらの手段に対する絶対（Must）条件と要望（Want）条件を明確にすることで，可能性の高い複数の手段を抽出し，あらかじめそれらの手段に潜むリスクを予測したうえで，**失敗を繰り返さない問題解決活動**が求められる．

そのためには，魅力的な手段の発想と最適手段の選定及び不測事態に対する臨戦即応体制の構築が望まれる．N7 は，この点に関して，方策展開型の系統図法や連関図法による手段の発想，マトリックス図法によるリスクの小さい最適手段の選定，PDPC 法や PDCATC 法による不測事態に対する臨戦即応体制の構築法を提供している．

### 1.4.5　原因分析における多次元的思考

1.4 節の冒頭で紹介したような，自動車のエアバッグ爆発問題，ノート型パソコンにおけるバッテリー発火問題，あるいは 2013 年に発生した中国産の食品偽造問題など，市場で起こした品質問題は企業ブランドイメージや信用の失墜をもたらすことになる．また，朝日新聞社の福島第一原子力発電所事故当時の所長発言と従軍慰安婦についての誤報記事に関わる問題では，同社のみではなく，国際社内における日本の信用失墜に至る重大問題を引き起こすことにもなっている．さらに，JR 西日本の列車脱線問題，韓国におけるフェリー転覆問題と地下鉄列車衝突問題など，大規模プラントや社会インフラにおける重大事故も記憶に新しい．

これらの諸問題の根本原因について詳細に記述するスペースはないが，安全管理システムや各種計測設備の自動化あるいは電子化に伴うシステムの複雑化・ブラック・ボックス化が原因の一つであり，組織の風通しの悪さがそれらの問題を複雑にしている．こうした大規模プラントや社会インフラにおける重大トラブルが発生するたびに，関連省庁が主導的な立場から関係者の叡知を結集した問題の原因分析がなされ，対策が実施される．しかし，問題は繰り返される．

こうした原因分析の結果として構築されるトラブル未然防止策の多くは，設計技術者や現場作業者に対する異常状態の未然防止を図る教育訓練とセットになって効果を発揮するものであるが，正常状態における教育訓練は「訓練の域」を出ない．また，FMEA や FTA などを活用した原理・原則からの原因分析や過去のトラブル(過去トラ)，失敗事例集，失敗経験からの学習など，関係者の技術・技能レベルと知恵・経験レベルに依存した原因分析には限界がある．

人は過ちを犯す生き物である．いかに重厚な未然防止システムや教育訓練マニュアルあるいはチェックリストを作成しても，人の過ちを犯す心に串を刺すものでなければ効果を発揮しない．N7では，**原因分析における多次元的な思考**を支援する手法として，親和図法や連関図法あるいはマトリックス・データ解析法を与えている．

### 1.4.6　異種技術の融合

中国，インド，ブラジル，東南アジア諸国などの新興工業国のIT技術を基盤とする急激な品質，原価，納期の競争力向上が，日本のモノづくり競争力を脅かしている．今日，製品原価の低減は，製品の市場競争力を維持・強化するうえで最大の課題である．しかし，製品原価の構成要素は，副資材費，労務費，直接材料費，外注加工費，物流費など多岐にわたり，それらが互いに関連するため，原価管理部門，調達部門，製造部門などの孤軍奮闘には限界がある．ライン部門である営業，設計，生産，販売・サービスの連携はもとより，経理，人事・教育，情報など間接部門の叡知を結集することが求められる．

日産自動車のゴーン氏によるCFT導入の成功事例が発表されて以来，部門間連携を促進する手法としてCFT(Cross Functional Team)が注目されている．また，小倉地区医療協会　三萩野病院　放射線科の「フラッシュサークル」が，医師，薬剤師，看護師，放射線技師の連携によって「急性期脳梗塞の早期発見」に取組まれた事例もある．これらのことがらが示すように，これからの問題解決においては，**企業の持つ異種技術の融合**が求められている．

モノづくりに関しては，TRIZ(発明的問題解決理論)[10]の活用が可能性の扉を開いているが，広く適用可能な手法としてQFDがあり，N7ではQFDを含む各種マトリックス図法とPDPC法を組み合わせたQNP法を与えている．

### 1.4.7　グループワイドの協力体制の構築

企業の持続的成長を確実にするためには，図表1.4に示すECM

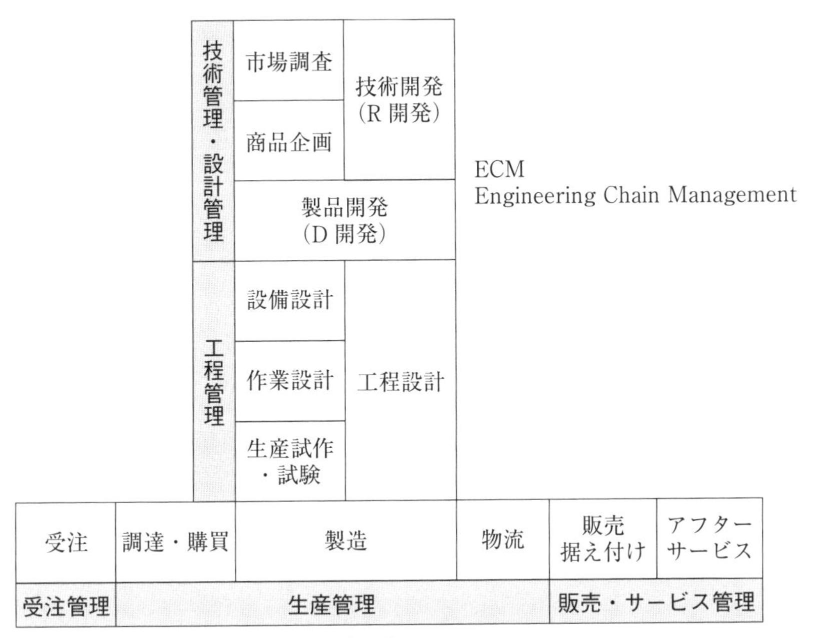


**図表 1.4　ECM と SCM の関係**

(Engineering Chain Management) と SCM (Supply Chain Management) の確実な連携を可能とする仕組みの構築が必須である．また，源流での ECM 構築と SCM 機能を最大化するモジュラーデザインの考え方も重要である．

しかし，こうした新製品開発体系や品質保証体系を自社内で確実にするのみでは不十分であって，外注先，代理店，ディーラーなどを品質保証活動に巻き込むことで，初めて品質保証を効果的かつ効率的に実現することができる．本社，支店・支社，工場，ディーラー，小売店，メンテナンス・サービスなどの多階層が，いかに協力して総合力を発揮できるかが問われる．すなわち，**グループワイドの協力体制の構築**が問われている．

これを実現するためには，関係部門における業務フローを視覚化することが必要となる．そのためには，プロセス・チャートの考え方を援用することで，業務フローにおいて必要となる設備・機械，部品・材料，技術・

方法，人，計測などの必要能力を明らかにすることが有効である．具体的には，行方向に業務プロセスに沿った機能展開，列方向に企画，開発，設計，生産などのビジネスプロセスあるいは材料調達，製造，物流などの製品プロセスと必要標準類や会議体を配置したマトリックス図を作成することが有効である．

この点に関しては，製造，販売，サービスをパートナー会社に委託するリーンアセットモデルの中で，これらのパートナー会社にTQMを推進することで大きな成果を収めている2014年度デミング賞を受賞したM社の事例が参考になる[23]．また，2013年度デミング賞を受賞した物流S社の倉庫，自動車，船などを持たないマネジメントシステムも参考になる[22]．

### 1.4.8　感受性の高い人材の育成

自動車部品メーカーのA社では，切削冶具の寿命時間内の折損が生産性を阻害していた．この問題に対して，同社では，「この問題によってもっとも被害を受けているのはだれか」ということを議論した．生産数量や品質の目標達成に悩んでいるのは，そのラインの責任者である課長であり，課長の沈み込んだ顔に付き合わされる技術スタッフである．

ある技術員は，市販されている切削チップの設計仕様書を調査したところ，初期投資は高くなるが，寿命時間を大幅に延長できる可能性のある冶具を発見し，課長の承諾を得てトライアルを実施した．その結果，従来の1000サイクル未満から，5000サイクル以上という好結果が得られた．

また，自動車関連機器と部品を製造しているH社では，草の根活動，朝一活動，マル特活動あるいは自主保全活動といった日常管理活動の中で，「わたしの設備は，わたしが守る」というマイ・マシーン運動を推進している．ある朝，職長から「工場長さん．このプレス機から聞きなれない音がするので，機械を停止してよろしいですか？」との相談があり，プレス機を停止した．その結果，金型表面のプレスキズによる金型破損寸前であったという話を聴いたことがある．

## 1.5　問題解決における新 QC 七つ道具の役割

問題解決において，発生した不具合の原因分析にもとづく再発防止という考え方は，いつの時代においても，どこでも重要であると述べた．生産現場における労働不安全問題，設備の頻発停止による不良品発生問題と生産性低下問題などは，それらの根本原因を明らかにすることで再発防止しなければならない．

労働不安全問題の根本原因は，設備や治工具の不備，作業方法や作業手順などを記した標準類の不備，報告・連絡・相談などに始まるコミュニケーション不足に代表される組織風土の悪さなど，多くの原因が考えられる．また，不良発生の根本原因には，部品の取り揃え業務におけるポカミスによる誤品・欠品の発生，作業者の姿勢や位置を考慮に入れない部品棚の配置の悪さ，工程間隔と作業スピードの不整合による移動のムダ，外段取りと内段取りの混在による工程編成のムラ，多品種混流生産に追随しない QC 工程表や作業標準類による作業者負担など，数え上げればきりがない．これらについては，発生している労働不安全事象や不良品などの現象別パレート図から，もっとも発生頻度の多い不具合に着目し，その原因別パレート図を作成する．そうすることで，重点指向の考え方にもとづいた不具合の原因分析と的確な対策の実施につなげれば，問題の再発防止を効果的かつ効率的に推進できる．

これらの品質，原価，納期，安全に関わる問題は，設備・機械・治工具が正常状態にあって，規格内にある材料・部品を用い，正しい作業が行われたとしても，偶然原因(避けられない原因)によって発生することがある．そのため，品質，原価，納期，安全などの結果系の事象が偶然原因によって発生しているのか，異常原因(避けるべき原因)によって発生しているのかを，管理用管理図やチェックシートなどによって識別することが求められる．その意味で，**バラツキにもとづいた異常と正常の識別**が重要になる．

企業を取り巻く不透明な環境変化の中，持続的成長を続ける強い企業とそうでない企業との違いは，経営トップから職場第一線の従業員に至るまで，全社・全階層の人々が問題に気づき，その解決に向かって継続的に努力しているかどうかにある．その意味で，遠藤功[7][8]の指摘する「現場の見える化」と「継続的改善」は重要である．

しかし，現在または将来の企業環境の変化を考えるとき，再発防止型の問題解決における上記の考え方に加え，予測・設定型の問題解決を中心として，以下のような考え方が求められる．

### 1.5.1 あるべき姿の明確化

問題は見えなければ，測れなければ解決できない．それでは，どのようにすれば問題がみえるのであろうか．問題意識のない人に，「何か問題があるだろう！」と叱責しても問題は見えないが，「あなたのあるべき姿は何ですか？」と問いかけることで，あるべき姿を認識させることができる．そうすれば，あるべき姿と現実のギャップとして問題を認識できるようになる．「自分あるいは自部署には問題などない」と豪語する人であっても，より良い状態を指向させることはできる．

第Ⅱ部第6章のアイシン・エィ・ダブリュ㈱の事例では，知的財産権申請のプロセスを改善するため，同社のベストプラクティス事例と最悪事例のアロー・ダイヤグラムを横並びにすることで，申請プロセスを110日から19日に大幅に短縮することに成功している．

また，自動車部品のコンプレッサーとエアコンを設計・製造しているサンデン㈱人事部のある女性部長は，「元気な会社．明るい会社とは何か？」と自問自答する中で，社員へのヒヤリングやアンケート調査から得られた言語データから親和図を作成した．その結果，「互いに褒め合うことのできる会社」というあるべき姿を構築し，画期的な人材活性化戦術を仕組み化することに成功されている．

パナソニック㈱の創業者である松下幸之助は，「素直な人は改善できる」という主旨のコメントをしているが，至言である．あるべき姿を明確にするためには，この「素直さ」が基本理念であり，素直であれば人の意見を聞けるし，ベンチマークに着手できる．「素直さ」を育む方法論がN7にあるわけではないが，「素直な気持ち」で言語データの親近性(affinity)から発想する親和図法，今のプロセスを可視化するアロー・ダイヤグラム法への期待は大きい．

### 1.5.2　原理・原則にもとづく思考

あるべき姿を明確にする場合，必須条件や要望条件などから作成される複数の評価基準にもとづいた総合的な判断が重要であると述べた．

ノート型パソコンで作成したプレゼン資料をスクリーンに投影する液晶プロジェクターを使用する場合，会議室の明かりを落とすと手元が見えないという問題がある．しかし，その問題を解決すべく光源ランプの輝度を上げようとすると，発熱量が増えて，プロジェクターの他の構成部品に悪影響を及ぼす．また，営業マンが客先で商品説明を PC で行うためには PC の軽量化が大切であるが，これに応えようとして軽量化を図ると，躯体強度が低下して移動中のストレスに耐えられなくなってしまう．

こうした事例が示すように，我々は互いに矛盾する（排反する）要求を同時に実現できる解決手段を求めるという難題に応えなければならない．このような難題の解決を支援するツールとして TRIZ があるが，これは原理原則にもとづく思考の重要性を示唆している．

筆者がかつて「日本ものづくり・人づくり質革新機構」の部会で住友電気工業㈱をベンチマーク調査したとき，同社の**「量産化七つ道具」**の紹介を受けたことがある[33]．多くの会社が，製品開発における失敗事例を過去トラとしてデータベース化しているが，その有効活用度は決して高くないと聞く．「なぜ，そうなるのか？」と疑問に思っていたところ，多くの過去トラでは，「失敗事例→根本原因→対策」の要領で作成されているとのことであった．しかし，久米[13]は，同書の p.142 で「電気回路における不具合現象として多くみられる断線という事象は多くの原因によって発生する」と述べている．また，濱口[34]は，同書の pp.21-25 において「上位概念に登って知識化する」ことの重要性を指摘している．

これらの事例は，我々の直面する排反問題を解決するためには，原理・原則（メカニズム）にもとづく思考の大切さを示唆している．N7 には，この考え方を実践する手法として，原理原則にもとづいて原因分析を行うための連関図法と系統図法及びマトリックス図法を提供している.

### 1.5.3　わかっていること，わかっていないことの認識

問題解決の根本哲学の一つは**「重点指向の原理」**である．この考え方は，アメリカの経営コンサルタントであったジュランが，イタリアの経済学者パレートによる所得不平等理論を問題解決に応用したという経緯から**「パレートの原理」**とも呼ばれる．しかし，この考え方を実践するのは，簡単そうにみえて実は難しい.

防犯設備機器メーカーの A 社では，数年前に，年度重点課題である欧州向け製品における RHOS 対策をテーマとして活動したことがある．そのとき，ある技術課題に対する多数の解決手段を，効果，実現性，経済性の 3 項目で評価し，総合評価の高かった 9 つの手段に対して具体策を実施したが，技術課題目標を達成することはできなかった．年度末の反省会で，「なぜ，課題解決が失敗したか？」というテーマにもとづいて連関図を作成したところ，当初の解決手段に対する実現性の評価が「1」であった手段の再評価が浮上し，この手段を 1 年がかりで実施したことで技術課題の解決に成功した.

重電設備メーカー M 社の経営企画課長の T 氏は，かつて「計画の重要性」を痛感した体験をした．課長就任後，5 名の課員の前年度の年間業務内容を徹底的に分析して，課員の業務進捗状況をアロー・ダイヤグラムに表現した．その結果，すべての業務が直列になっていること，各業務の必要工数が不明確であること，結果として業務の優先順位が明確でないことなど，かつての自分と同じ過ちを犯していることを発見した．そこで，課員に対して，業務推進計画をアロー・ダイヤグラム法の活用によって作成させたところ，課員の残業が大幅に低減したという話を聴いたことがある(これについては，佐々木[15]が参考になる).

組織の長である部課長のマネジメント課題とは，たくさんの実施事項の中で，部下には任せておけない課題と部下に責任と権限を移譲すべき課題を明確にすることである．その際，部下に責任と権限を移譲した課題を放任するのではなく，部下の課題解決推進計画の妥当性を的確に評価すると

ともに，適切な指導を与えることが重要である．食品メーカー K 社の Y 部長は，部下に PDPC 法を活用した課題解決推進計画を提出させ，「計画策定時点でわかっていることと，わかっていないことを明確にする」ことを徹底している．同氏は，「計画に大切なことは計画の完璧さではない．課題解決プロセスの中で発生するかもしれないリスクを明らかにするとともに，どうなるかわかっていないことを明確にしておくことが大切なのです」と述べられていた(同様なことを，佐々木[15]は，「計画を部下に発注する」と述べている)．

筆者が P 社の依頼で実施した「新任責任者のための品質管理教育」において PDPC 法の事例を紹介したところ Y 部長から，「先生．これまでに PDPC 法を新技術開発に幾度となく活用してきたのですが，うまい PDPC を作成するのは難しいですね」という感想を聴いたことがある．これに対して，「そうなのです．計画策定段階で PDPC が問題解決のゴールまで書けることはないでしょう．それよりも，“書けないことに気づく”ことが大切だと思っています」と回答したところ，「本当ですね」とご理解いただいたことがある．

以上，問題解決では，複数の解決手段を実施する必要に迫られる場合がある．「重点指向が大切である」と教えるが，計画段階でなすべきことを重点指向することは，読み切ることに相当する．昔，囲碁の達人が数 10 手の段階の段階で投了したことがあった．だれも決着がわからなかったが，対局している 2 人に最後まで並べてもらうと，まったく同じ結果になったという．しかし，このような達人は少なく，計画段階で一連の解決手段系列を読み切ることは，たとえ問題解決の達人であっても難しい．我々にできることは，「**わかっていること，わかっていないことを明確にすること**」である．

N7 では，この「わかっていることと，わかっていないことを明確にする」手法として，PDPC 法を提供している．また，その応用手法として QNP 法も開発されている．

### 1.5.4　思考と行動の記録を残す

「不測の事態を読み切るとは何か．まだ起こっていないことを読み切れるはずがない」とお叱りになる読者がおられるかもしない．しかし，ちょっと考えてほしい．筆者は下手ながら定期的に碁会所に行って，囲碁を楽しんできた．そのとき，「こうすれば，相手はこうする，そうすればこのように打つ……」などと，2，3手先を読もうとする．読者のみなさんは，設計のプロであったり，営業のプロであったり，筆者の囲碁の世界とは比べものにならないほど，知恵と経験を持たれている．また，会社には，これを支援する仕組みが構築されている．

家庭用防犯機器のトップメーカーであるA社の営業本部では，「歩く件名表」という営業ツールを開発している．その実態は，PDCATC法に似たものである．

また，建設用大型設備メーカー㈱小松製作所のOBでN7研究会の第1期生である英賀氏から，30年以上も前に，次のような興味深い話を聴いた．「同社のトップセールスマンの某氏は，営業活動中に，同社系列の代理店にライバル会社の自動車が停車していると，“何月何日何時頃○○○社が△△△店に来社している”と大声で叫び，それをカセット録音機に録音している」というのである．「カセット録音機」に時代を感じるが，車の運転中にでも，営業情報を記録に残していたのである．

もう一つ，車両メーカーT社のSQC指導会において排ガス規制対応の基礎技術開発テーマ解決を1年間にわたってお手伝いしたとき，テーマ解決に至るプロセスを楽観ルート(成功のシナリオ)と悲観ルートの考え方を使ってPDPCに展開することを指導したことがある．そのテーマ推進者は，「PDPCを使ってテーマを推進したことで，不測の事態に直面しても，道に迷うことなく問題を解決できた」と述べていた．

このように，営業や研究開発の問題解決においては，思考と行動のプロセスを残すことが重要で，N7には，PDPC法とその応用版であるPDCATC法がある．

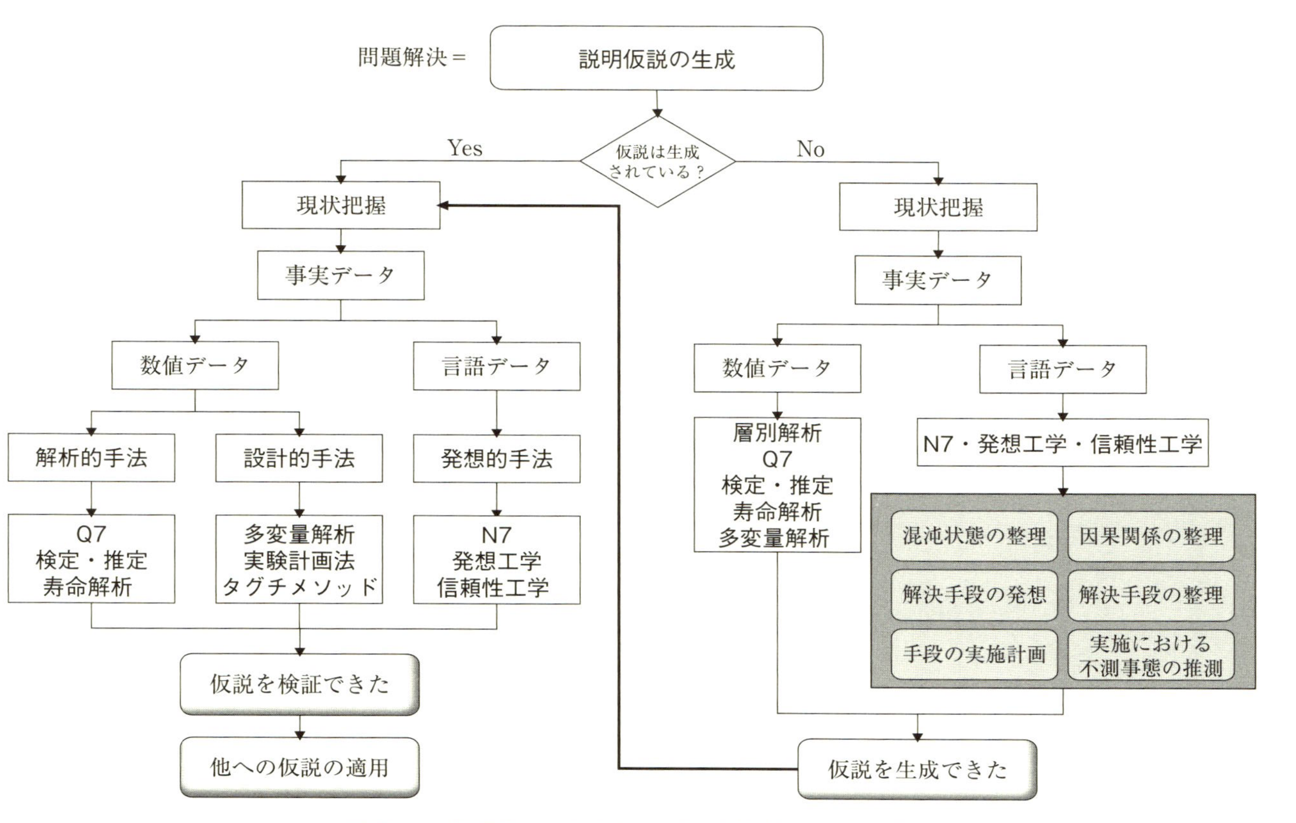


図表 1.5　問題解決における N7 の役割（図表 1.2 の再掲）

### 1.5.5　徹底したムダ・ロスの低減

企業における問題解決活動は，ある意味で，ムダ・ロスの低減活動である．古川・立川・古川[35]の事例で紹介されるように，「あなたが，リンゴを剥いているとする．そのとき，“今，何をしているのですか？”と問いかけられると，“リンゴを剥いています”と答える」．しかし，“リンゴとリンゴの皮を作っています”とも認識できる．このように，我々のあらゆる活動には正の面と負の面がある．自動車部品に多くの穴をあけることで軽量化を実現しようと設計すると，穴として切り取られたムダ・ロスを作ってしまう．

問題解決において求められることは，当面の問題を解決することのみでなく，その問題の本質を解決することである．問題解決においては，「与えられた問題の本質は何か？」「問題解決における制約条件は何か？」「問題の解決を阻害している要因は何か？」などということを常に考えておく必要がある．N7では，こうした視点から問題解決に迫るため，図表1.5に示す混沌の整理，因果関係の整理，解決手段の発想，解決手段の整理，手段の実行計画，手段実施における不測事態の推測などを通じた問題解決における「仮説の生成」を重視している．

## 1.6　言語データとは

N7では，言語データを用いる．ここでは，「人の身長や体重など，数値データのことは知っているが，言語データは何か」という読者のために，言語データについて簡単に説明する．また，言語データの収集法についても説明する．

### 1.6.1　言語データの必要性

魅力的新製品開発には，当たり前品質，一元的品質，魅力的品質などに関する情報が不可欠である．S社では，製品の機能/性能を中心とした品質要素と全体としての満足度に関する7段階の調査結果からCSポートフォリオ分析を行うことで，魅力的製品の開発につなげる努力を行っている[29]．サービス産業や一般消費財の場合には，こうした顧客満足度調査が魅力的製品に活用できるかもしれないが，素材メーカーや部品メーカーでは，容易でない．このような場合，顧客の購買部門や生産部門あるいはサービス部門から得られる顧客の声の分析にもとづく仮説の生成が魅力製品の開発につながる．

また，納谷[25]が指摘したように，問題解決においては，問題が解決し得るはずだという仮説を生成することが大切である．さらに，方針管理活動における部門間連携は，上下左右のキャッチボールをうまく実施することにより実現する．単なる話し合いではうまく行うことはできない．各階層・各部門が，それぞれの立場でもっとも重要と考えることを，言語データとして形式知化し，それらを全体として，1つの連関図や系統図にとりまとめようとする過程で，上下左右のキャッチボールを行うことができる．

このように，我々の問題解決活動において，数値データの解析に先立つ仮説の生成と問題点の共有化が重要である．そこで役立つデータは，数値データではなく言語データである．

### 1.6.2 言語データ

我々がグループ討論や上下左右のキャッチボールにおいて話す言葉には，事実のみを伝える言葉，事実にもとづいて自分の意見や考え方を述べる言葉，第三者の発言に触発されて発想を述べた言葉などがある．そうした言葉は，「○○○が△△△であるから，●●●は▲▲▲である」というように，いくつかの文意が含まれる．N7では，その文意を，「○○○が△△△である」と「●●●は▲▲▲である」のように，短文の形式に整理したものを言語データという．

#### (1) 事実データ

例1　自動車の開発では，高品質，低コストとともに，地球環境への配慮が要請されている．

例2 某社では，入社3年目の全技術系社員に対してSQC基礎教育が体系化されている．
例3 20個の実験データによれば，製造温度と製品強度の間に相関係数r = 0.85の相関関係がある．
例4 電圧V，抵抗R，電流Iの間には，理想状態においてV = IRの関係がある．

これらの例が示すように，事実データとは，調査，観察，実験などを通して得られた事実のみを示したものである．問題解決のあらゆるプロセスにおいて基本となる言語データである．

### (2) 意見データ

例5 多くの大学生はアルバイトによって学費や生活費を工面しているが，深夜のアルバイトは勉学の支障となるため慎むべきである．
例6 わが社でも，入社3年目の全技術系社員に対してSQC基礎教育が体系化されているが，座学のみでなく改善活動も実施すべきではないか．

例5では，「多くの大学生はアルバイトによって学費や生活費を工面している」という事実がある．また，「一部の学生が深夜アルバイトを行っている」という事実もある．そのうえで，発言者は，「それらによって大学生の本文である勉学に支障をきたさないようにすべきである」と考えている．例5では，そのことを意見データ（下線部）として述べたものである．

また，例6では，「わが社には，入社3年目の技術系社員に対するSQC基礎教育が体系化されている」という事実がある．しかし，「その座学中心のSQC教育では十分な成果をあげられないのではないか」という危惧を抱いている．例6では，そのことを意見データ（下線部）として述べたものである．

### (3)　発想データ

例 7　QC サークルには，年間テーマ解決目標件数 4 件を与えているため，解決できそうなテーマだけを取りあげるサークルがある．この際，年間 1 テーマであってもよいから，高い目標に挑戦してほしい．そのためには，現状の製品不良率 10％に対して，4 ～ 6 月の目標値を 5%，7 ～ 9 月の目標値を 2.5%，10 ～ 12 月の目標値を 1%，1 ～ 3 月の目標値を 0%など，ステップ・バイ・ステップに目標値を設定させてはどうか．

例 8　技術者が SQC 手法を理解していることは重要である．その教育効果を高めるには，デミング賞挑戦時に実施し，現在は休止状態になっている SQC 手法適用による成果を部課長 SQC 教育に取り組む仕組みを再開する必要があるのではないか．

例 7 では，「QC サークル活動に対して年間 4 件のテーマ完了が義務づけられている」という事実と，「そのことによって，QC サークル活動が形骸化している」という推測にもとづいて，「テーマのあり方を抜本的に見直すことが必要ではないか」という発言者の発想にもとづいた言語データが発言されている．

例 8 では，デミング賞に挑戦した際に，「全社をあげた SQC 活動に取り組んだ結果，技術者の SQC 活動が活性化した」という事実と，「現在の SQC 教育が形骸化しているのではないか」という推測にもとづいて，「部課長層に対する SQC 教育を再開する必要がある」という発想にもとづいた言語データを述べている．

### (4)　推測データ

例 9　T 社の東京支社・H 営業所における送電設備設計書に対する

監査では，設計者の検討不足によるコスト見積り誤りが5%もあった．全社で考えれば，大変な損失コストになっていると考えられる．

例10　ある学科において，Web上に登録さえている第三者の論文を学生が流用した事例が発覚した．こうしたことが，全学的になされているのではないか．

例9では，特定の営業所におけるサンプルで，「5%のコスト見積り誤りが発見された」という事実から，「全社においても同様なことが発生している」という推測を述べている．

例10では，「ある学科において，第三者の論文を流用している」という事実が発覚した．これを受けて，「全学的に同様なことが蔓延しているのではないか」という推測を述べている．

## (5)　予測データ

例11　過去5年間の工場内で発生した有休労働災害件数を見ると，年間で3件，4件，5件，6件，7件と若干の増加傾向にある．今後，さらなる増産が予測される中，このまま放置しておくと，ますます有休災害が増えるのではないか．

例12　最近，デミング賞にチャレンジする国内企業が減少している．このまま放置すると，デミング賞の存在そのものが危ぶまれるのではないか．

例11では，過去5年間に発生した有休労働災害件数の推移から，将来を予測している．また，例12では，最近のデミング賞への国内企業のチャレンジ数の推移から，将来に対する懸念を述べている．

以上の(1)～(5)が示すように，言語データには，事実データ，意見データ，発想データ，推測データ，予測データの5種類がある．しかし，事実データを除く4つの言語データは，文面のみから，どの言語データであるかを区分できない場合もある．

なお，上記の言語データには，例 4 のように，「多くの大学生はアルバイトによって学費や生活費を工面している」という事実データと，「深夜のアルバイトは勉学の支障になるため慎むべきである」という意見データが混在している．上述したように，発言内容を言語データ化するときは，それらを短文に切り分けることが必要になる．

### 1.6.3　言語データの収集法

言語データに限らず，データの収集は，調査，観察，実験などによることが基本であり，三現主義がそのことを教えている．我々の活用できる言語データを収集する方法には，ブレーン・ストーミング法，ブレーン・ライティング法などの集団思考法，想起法や内省法と呼ばれる一人思考法，各種実験的な方法がある（図表 1.6）．

ここで，想起法とは，自分が過去に経験したことを思い出して言語デー

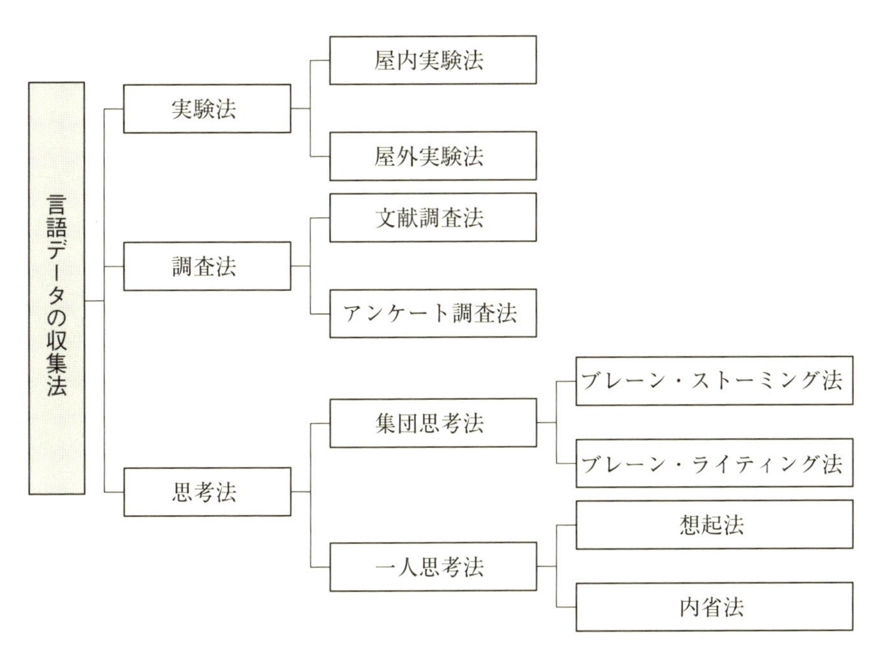


図表 1.6　言語データの収集法

タを作成するものである．また，内省法とは，問題について日頃から思っている事柄にもとづいて言語データを作成するものである．

管理者スタッフの問題解決では，調査法の中のアンケート調査法がもっとも頻繁に活用される．しかし，アンケート調査というのは，自由回答欄を設定したとしても，調査側の想定した範囲内の回答しか得られないことがある．そのため，アンケート調査における質問事項の設定に関しては，予備調査から得られた言語データにもとづいて，問題点に対するあるべき姿を親和図法で作成したり，連関図法によって重要要因を追求したりすることが必要になる．

# 第2章

# 問題解決と新QC七つ道具

本章では，第Ⅱ部をより理解するため，適用事例を通じてN7の各手法を概略的に説明する．いくつかの特殊用語が登場するが，その基本を理解してほしい．なお，N7手法の一つであるマトリックス・データ解析法は，多変量解析法の中の主成分分析法のことであり，若干難易度が高い．本章では，簡単な事例を用いて説明するが，詳細は適当な専門書，例えば，永田・棟近[24]を参照してほしい．

## 2.1　問題解決における新 QC 七つ道具

管理者スタッフには，方針管理活動を通じて，企業を取り巻く経営環境と複雑化・多様化・高度化する顧客ニーズを正しく認識するとともに，企業が持続的成長を実現するうえで必要な組織能力を獲得することが要請される．また，顧客ニーズに適合する魅力商品を企画―開発―設計の ECM を整備し，外注購買―生産―物流―アフターサービスの SCM 機能を最大化するための仕組みの整備を図ることが要請される．さらに，そうした活動を通じて，組織及び個人の問題解決能力を向上することが要請される．

一方，職場第一線の従業員は，日常業務や QC サークル活動を通じて，異常原因(避けるべき原因)によるプロセス異常を検知し，その原因を除去するとともに，守れる標準類の制定に努めることが期待される．また，標準に即した業務を通じて，慢性化あるいは潜在化している職場問題の「見える化」を図る問題解決活動に参画することが期待される，

このように，管理者スタッフから職場第一線の従業員まで，職場や会社を取り巻く混沌とした環境を整理することで，あるべき姿を明確にするとともに，それを実現する問題解決活動に積極的に参画することが期待され

る.

### 2.1.1　あるべき姿の設定

我々の問題解決活動の第1ステップは，あるべき姿の設定である．そのためには，顧客中心や後工程中心の視点で現実を捉え絶えず反省をすること，上位方針を正しく理解し積極的に経営に参画すること，そして笑顔で会社に出社し，笑顔で帰宅できる会社生活を送ることを指向しなければならない.

そして，後工程や顧客から寄せられる苦情，クレーム，期待，要望などを成長の宝と受け止め，上位方針や年度重点実施課題を自己実現のチャンスと受け止め，職場の業務推進に関わるトラブルや仲間の悩みごとを明日の笑顔の種と受け止めて，絶えず問題解決活動を継続しなければならない.

業務推進に関わるトラブルや仲間の悩みごとが明確になっている場合，そのあるべき姿を設定することは比較的やさしいかもしれない．しかし，後工程や顧客から苦情，クレーム，期待，要望などが寄せられたり，上位方針や年度重点実施課題が与えられたりしている場合は，海水中の氷山の一角が見えているだけである．このため，真に到達あるいは達成しなければならない“あるべき姿”を明確にすることが大切になる.

例えば，会社方針としてスリム化の推進が打ち出されたとすれば，サークル会合やチーム会合において，「スリム化が推進できている職場とは？」をテーマにしたブレーン・ストーミングを実施する．その会合で，「職場における不安全作業が減少している」，「職場における有休災害が減少している」など，職場環境に関する事実，意見，発想，推測，予測などの言語データを作成する．そして，これらの言語データから，「職場の安全確保に対する活動成果が出ている」という親和カードを作成する．さらに，「職場の安全確保に対する活動成果が出ている」，「職場における3ムの削減に成果が出ている」，「職場の品質レベルが向上している」とう3枚のカードから，「職場におけるQ，C，D，Sレベルが向上している」という親和カードを作成する.

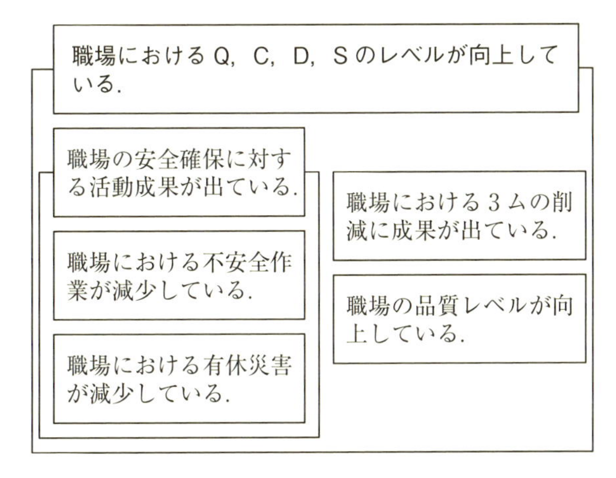


図表 2.1　あるべき姿の設定

このように，メンバーのブレーン・ストーミングで提出された言語データから親和図を作成することで，「職場のスリム化が推進できている」とは，「職場におけるQ，C，D，Sのレベルが向上している」ことであるという“あるべき姿”が設定される(図表 2.1)．

親和図法は，川喜田[11][12]によるKJ法のA型図解法に相当する．そこでは，複数の言語データの持つ親近性(Affinity)にもとづいて，複数の言語データの存在をもっとも自然に説明のできる仮説を親和データとして生成する方法であって，パースによるアブダクションの考え方を利用している(米盛[42])．

## 2.1.2　目標の設定

“あるべき姿”が決まれば，問題解決活動の第2のステップは，目標の設定である．この目標(目標値と達成期日)は，競合他社に対するベンチマーク調査の結果としてトップダウン的に与えられる場合と，現状把握の結果としてボトムアップ的に設定される場合がある．図表 2.1 のようにあるべき姿が設定された場合には，現状把握の結果として，例えば，「職場の品質レベルを，年度末までに，職場内 No.1 にする」という目標を設定することができる．もちろん，「Q，C，D，Sレベルを，年度末までに，職場内No.1にする」という目標を設定することもできるが大変である．

どの場合であっても，目標の設定においては，現状把握にもとづく数値データが必要である．したがって，目標の設定においては，チェックシート，グラフ，パレート図，ヒストグラムなどのQC七つ道具を活用することになる．

### 2.1.3　目標達成の阻害要因の特定

テーマで取り上げる特性の目標値と現状値が数値データにもとづいて認識されると，問題解決活動の第3ステップは，原因分析によるそれらのギャップを発生させている原因の特定である．これは，あるべき姿を実現するために超えなければならない壁を明らかにすることであり，獲得しなければならない能力を明らかにすることでもある．このためには，連関図法や特性要因図が有効である．

例えば，「職場における品質レベルが職場内No.1(平均不良率0.01％／年)である」というあるべき姿に対して，現状は平均不良率0.5％／年であったとする．連関図の場合には，「なぜ，平均不良率が0.5％／年と高い値になっているか？」というテーマを設定し，特性要因図の場合には，「平均不良率が0.5％／年である」というテーマを設定する．

そして，その一次原因として，「職場における安全確保に対する活動成果が出ていない」，「職場における3ムの削減に成果が出ていない」などを作成して，テーマカードの脇に配置する．その後は，二次原因を追求し，重要原因が明らかになるまで，「なぜなぜ問答」を繰り返す．

### 2.1.4　原因の事実による検証

第3ステップが終了した時点で，問題解決活動の第4のステップは，それらの重要要因が問題発生の真因であるか否かをデータで検証することである．

図表2.2のように彼我比較の可能な問題では，連関図におけるそれぞれの言語データが「問題となっている職場にはある(Is)が，ベンチマーク職場にはない(Is not)もの」であるかどうかを検討すればよい．しかし，図

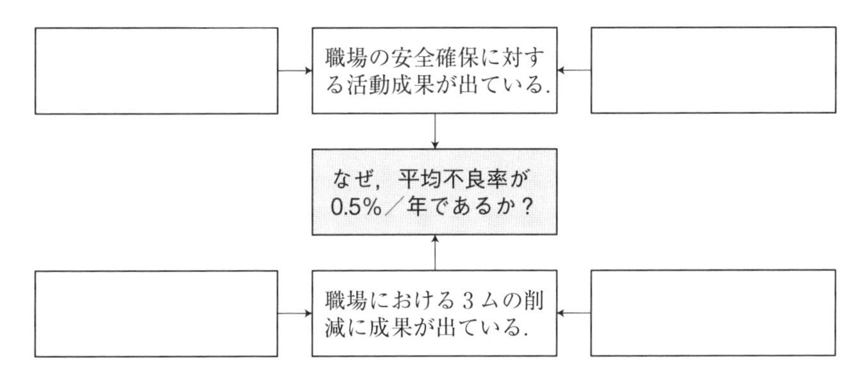


図表 2.2　連関図による原因分析

表2.2のような彼我比較が常に可能であるとは限らない．そのような場合には，重要要因と結果特性が組になったデータを収集したうえで，層別した散布図，ヒストグラム，管理図，回帰分析などを活用した因果分析を行う．その際，設計部門や生技部門などのように，少数のデータしか得られない場合には，統計的検定，分散分析法，実験計画法，品質工学などの高度な手法が必要になる．

部課長スタッフの問題解決では，このような結果特性と重要要因の対になったデータを得ることは必ずしも容易ではない．その意味で，ベンチマーク(対照群)を明らかにした彼我比較法が重要になる．

## 2.1.5　系統図による解決手段の発想

問題解決活動における第5のステップは，明らかとなった原因を再発させない，あるいは再発しても事象に至らないような手段を検討することである．第1ステップが What 探し，第2ステップが Why 探しとすれば，この第5ステップは How 探しに相当する．ケプナー・トリゴー[14]では，この第2ステップを問題分析(Problem Analysis, PA)，第3ステップ決定分析(Decision Analysis)と呼んでいる．

どんなに魅力的なあるべき姿を設定し，重要要因(問題点)を明確にできたとしても，限りある経営資源の中で，それらの解決に至る有効な手段を発想できなければ，問題を解決することはできない．その意味で，第5ス

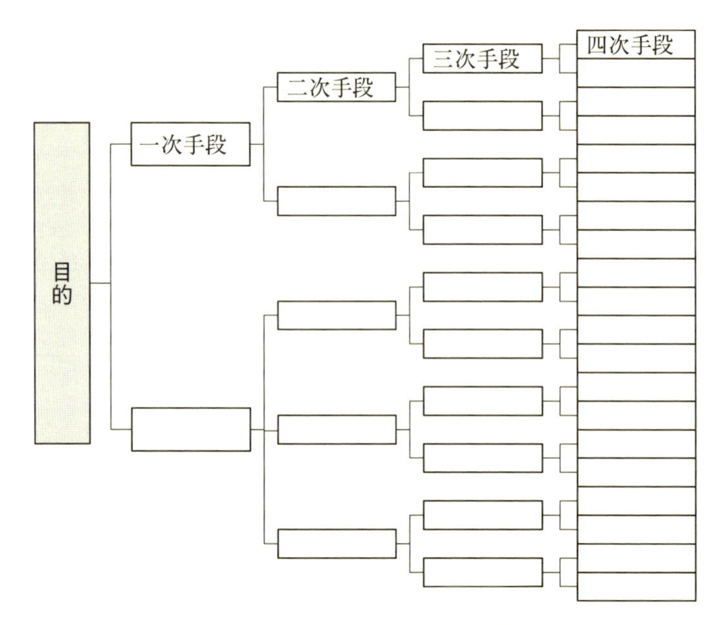


図表2.3　方策展開型の系統図法

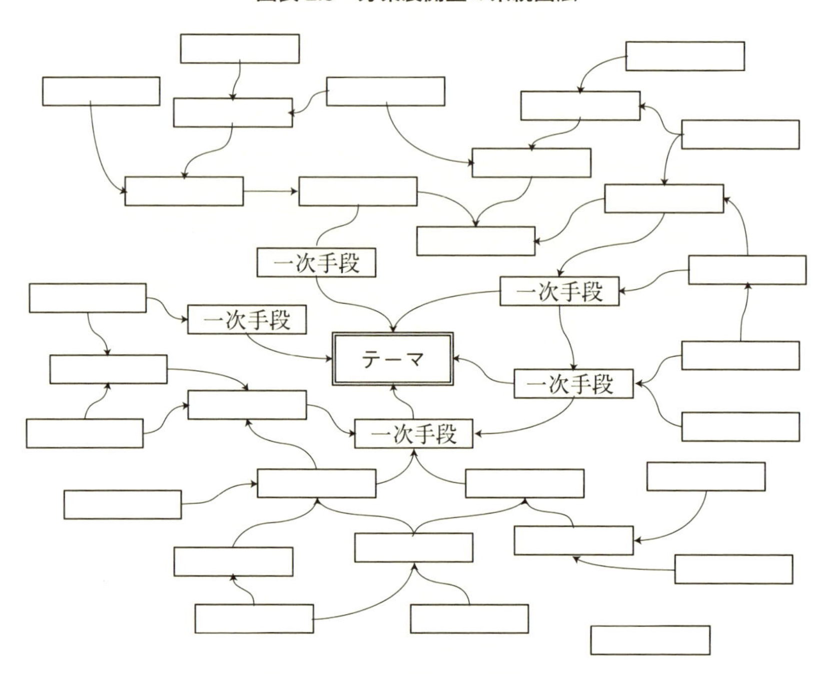


図2.4　方策展開型の連関図法

| | | 問題点 | | | | | 必須項目 | | | | 要望項目 | | | | リスク | 総合評価 |
|---|---|---|---|---|---|---|---|---|---|---|---|---|---|---|---|---|
| | | $A_1$ | $A_2$ | $A_3$ | … | $A_n$ | $C_1$ | $C_2$ | … | $C_p$ | $D_1$ | $D_2$ | … | $D_q$ | | |
| 手段 | $B_1$ | | | | | | | | | | | | | | | |
| | $B_2$ | | | | | | | | | | | | | | | |
| | $B_3$ | | | | | | | | | | | | | | | |
| | ⋮ | | | | | | | | | | | | | | | |
| | $B_m$ | | | | | | | | | | | | | | | |

**図表 2.5 最適手段選定のためのＬ型マトリックス**

テップこそが問題解決における主役であると言える．

N7 では，そのためのツールとして方策展開型の系統図法（図表 2.3）と連関図法（図表 2.4），マトリックス図法などを提供している．特に，方策展開型の系統図法や連関図法によって発想された解決手段に抜け落ちがないかどうかは，行方向に事象を発生させている問題点，列方向に発想された手段を配置したＬ型マトリックス図を作成することによって検討できる（図表 2.5）．また，方策展開型系統図の四次手段や方策展開型連関図から抽出された重要手段に対する必須項目，要望項目，リスクからなる評価を経て，相対的な最適手段を選択することができる．

### 2.1.6 アロー・ダイヤグラムによる実行計画の策定

最適手段が選定されると，問題解決活動における難関を越えたことになる．しかし，「生産不良率の低減」をテーマにした問題解決活動において，「新しい治工具の開発」という手段が最適手段として選定されたとしても，具体的に治工具を開発するとなれば，そこに新たな問題が出現する．

「治工具に求められる要求品質を，どのようにして明確にするか」「どのようにして，材料，寸法，重量，強度などの治工具に関する材料特性と明確にされた要求品質の因果関係を明確にするか」「開発費用や納期との関係から，治工具の内外製を，どのようにして判断するか」など，手順を追って詳細に検討しなければならない．すなわち，最適策に対する詳細な

| 作業 | 先行作業 | 後続作業 | 日程 |
|---|---|---|---|
| A | — | B, C | 2 |
| B | A | D, E | 2 |
| C | A | D, E | 5 |
| D | B, C | — | 4 |
| E | B, C | — | 1 |
| F | E | F | 2 |

図表 2.6　各作業と先行・後続作業及び日程

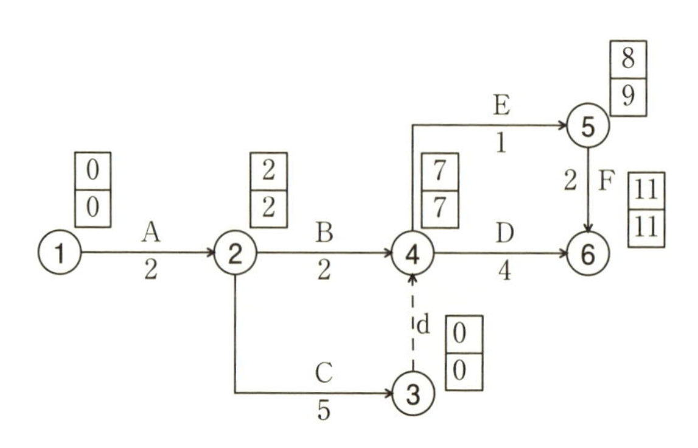


図 2.7　図表 2.6 に対するアロー・ダイヤグラム

実行計画を策定することが，問題解決活動の第6ステップとなる．このための手法として，N7 ではアロー・ダイヤグラムを提供している(図表 2.6, 図表 2.7).

## 2.1.7　PDPC 法による不測事態への備え

従来よりも繰返し使用回数は多いが，多少高額な治工具の内製に決まったとすれば，「治工具の材料変更」「治工具の構造変更」「治工具のメンテナンス・サイクルの変更」など，実行計画の推進段階で多くの変更の発生が懸念される．「材料変更によって実現する」というアイデアを採用する場合，さまざまな変更案が候補となり，それぞれのメリットとデメリットを検討することが必要になる．

問題解決活動における成功のシナリオを描いたとしても，実際には，そのシナリオどおりに話が進むとは限らない．そのため，「材料変更によって新しい治工具を開発する」という段階で発生するかもしれない事態をあ

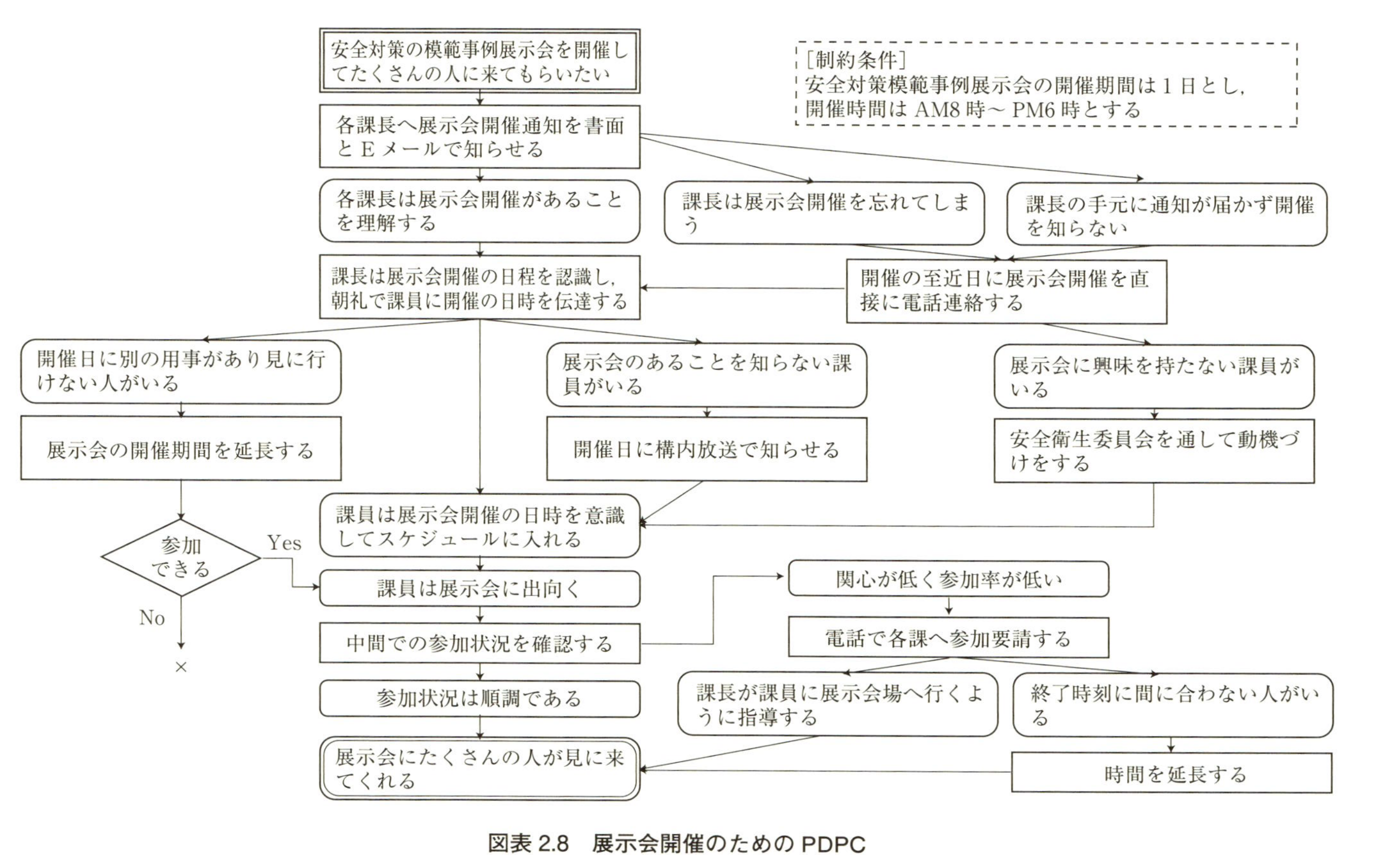


**図表 2.8　展示会開催のための PDPC**

らかじめ想定し，それに備えておく必要がある．このような不測の事態に備えつつ，問題解決活動を成功に導く手法として，N7はPDPC法を提供している(図表2.8).

以上，ここでは，問題解決活動におけるN7の役割について概説してきた．次節では，こうしたことを念頭におきながら，「QCサークルの活性化」という職場における問題解決事例を取り上げることで，N7の各手法を概説していく．

## 2.2　親和図法による問題の本質の追究

職場を取り巻く環境の変化によって，QCサークル活動が停滞したり，目標を失ったりしているところがあると思う．筆者の関係する某社においても，QCサークルを業務の一環として位置づけながら，「QCサークル活動の活性化」を促すため，「QCサークル活動に求められる姿とは何か？」を問い直すことが求められていた．

この課題を与えられた本社のQCサークル推進事務局では，全社のQCサークルリーダーと直属上司に対する聞き取り調査を行って得られた言語データをもとに，図表2.9の親和図を作成した．

この親和図によって，QCサークル活動のあるべき姿，すなわち，QCサークル活動に求められる本質として，①職場におけるQ，C，D，Sのレベルが向上している，②改善活動を通じた標準化が推進されている，③職場の世代を超えた相互交流ができている，④全員が職場の維持・改善に積極的に取組んでいる，⑤上司がQCサークル活動を理解している，という当たり前でもあり，理想像でもある“あるべき姿”が明らかとなった．

## 2.3　連関図による問題点の追究

図表2.9の親和図によって，5つのQCサークル活動のあるべき姿が明らかとなった．次の課題は，現実の会社におけるQCサークル活動が活性化していない，すなわち，あるべき姿との間にギャップがあることの原因

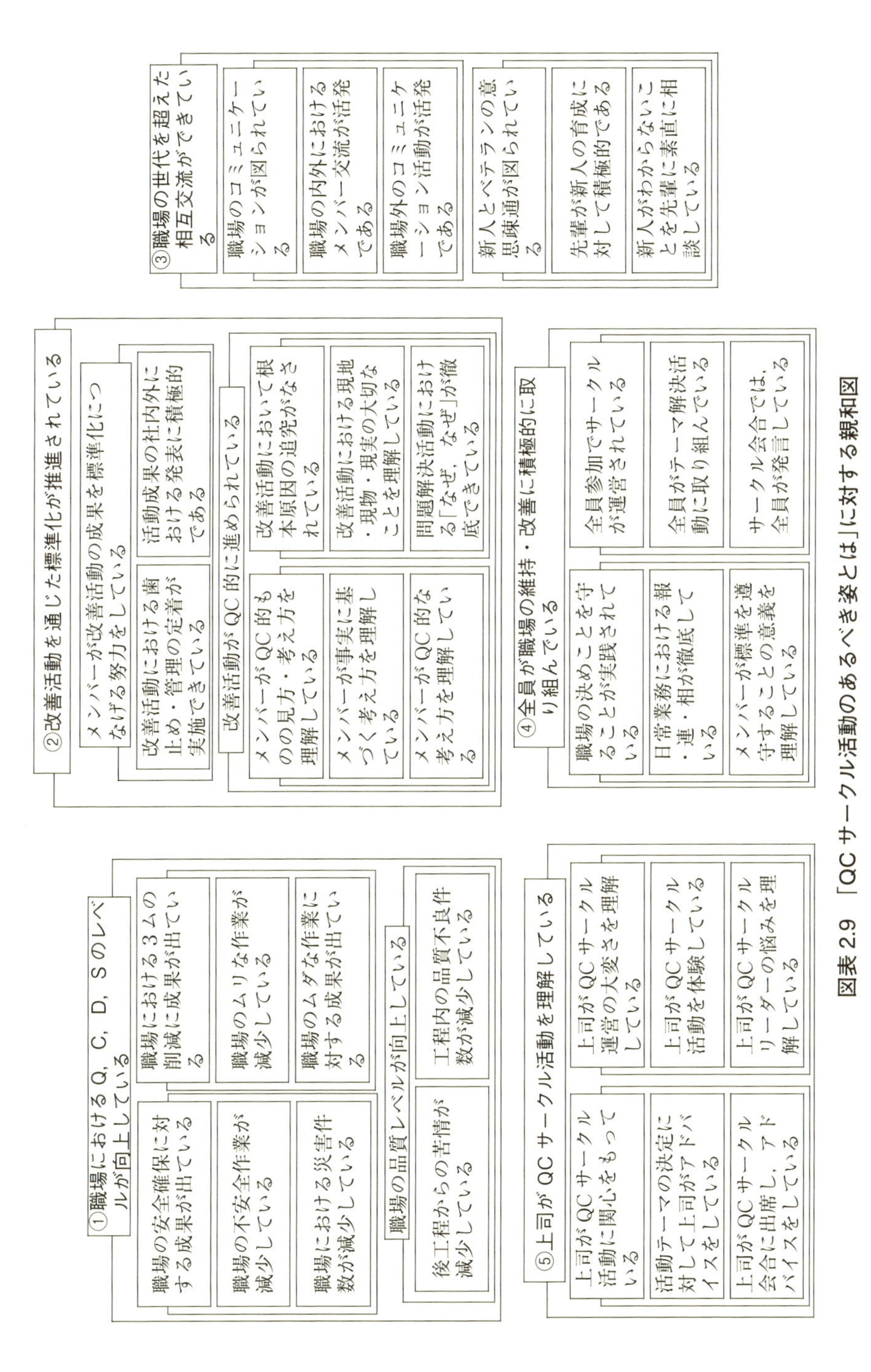


図表2.9 「QCサークル活動のあるべき姿とは」に対する親和図

(ギャップを生んでいる内部要因)を明らかにすることである.

QCサークル推進事務局では，これら5つのあるべき姿を「なぜ，QCサークル活動が活性化していないか？」に対する一次原因とすることで,「なぜなぜ問答」を実施したところ，図2.10の連関図を得た．その結果,「QCサークル活動が活性化していない」ことに対する2つの重要な問題点として,「QCサークル活動の意義を管理者が誤解している」「標準化によるうれしさを実感していない」ということが明らかになった.

## 2.4　系統図法による解決手段の発想

図表2.10の連関図によって,「QCサークル活動が活性化していない」ことの重要原因(活性化を阻害している重要な問題点)が明らかになった．したがって，問題を解決するためには，これらの重要な問題点を解決する手段を発想したうえで，最適手段を実施すればよいことになる.

図表2.11は,「QCサークル活動を活性化するには」を目的として，その解決手段を方策展開型の系統図法によって発想したものである.

具体的には，図表2.10の連関図から得られた重要原因を肯定文の表現に置き換えることで,「QCサークル活動の意義を管理者が正しく理解する」,「標準化のうれしさを実感させる」という2つの一次手段を作成し，これらに対する二次手段，三次手段，四次手段を展開している.

## 2.5　マトリックス図による最適手段の選定

図表2.11の系統図では，最終の四次手段として多数の手段を発想しているが，問題を解決するためにこれらのすべてを実施しなければならないというわけではない．むしろ，これらの中から最適と思われる手段を選択しなければならない．そこで，評価尺度として，それぞれの手段を実施することの問題解決に対する「効果」，実施における「実現性」と「経済性」を採用することにした．ここで,「効果」は必須項目であり,「実現性」と「経済性」は要望項目である(図表2.12)．これらの評価尺度を用いて，評

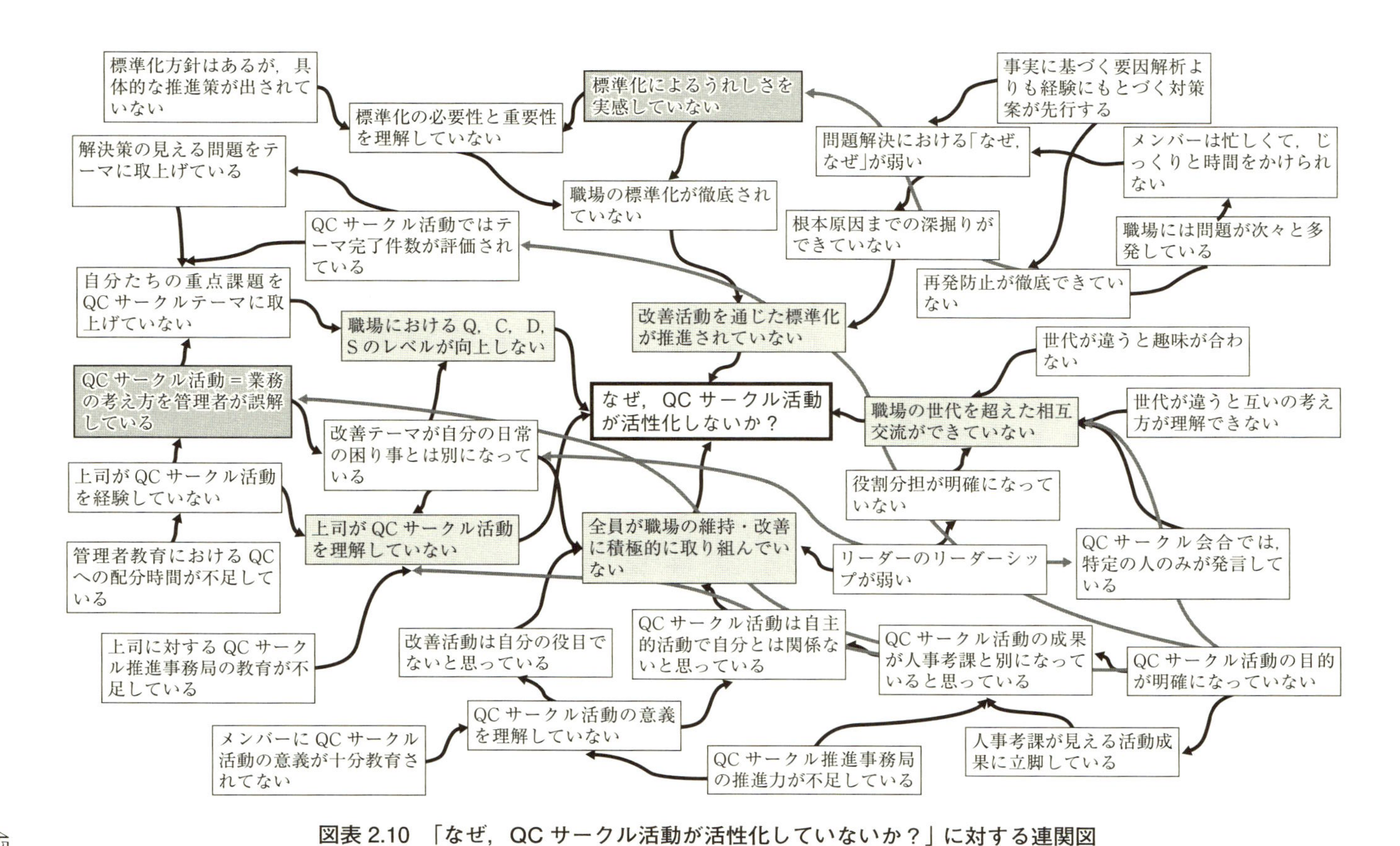


**図表2.10　「なぜ，QCサークル活動が活性化していないか？」に対する連関図**

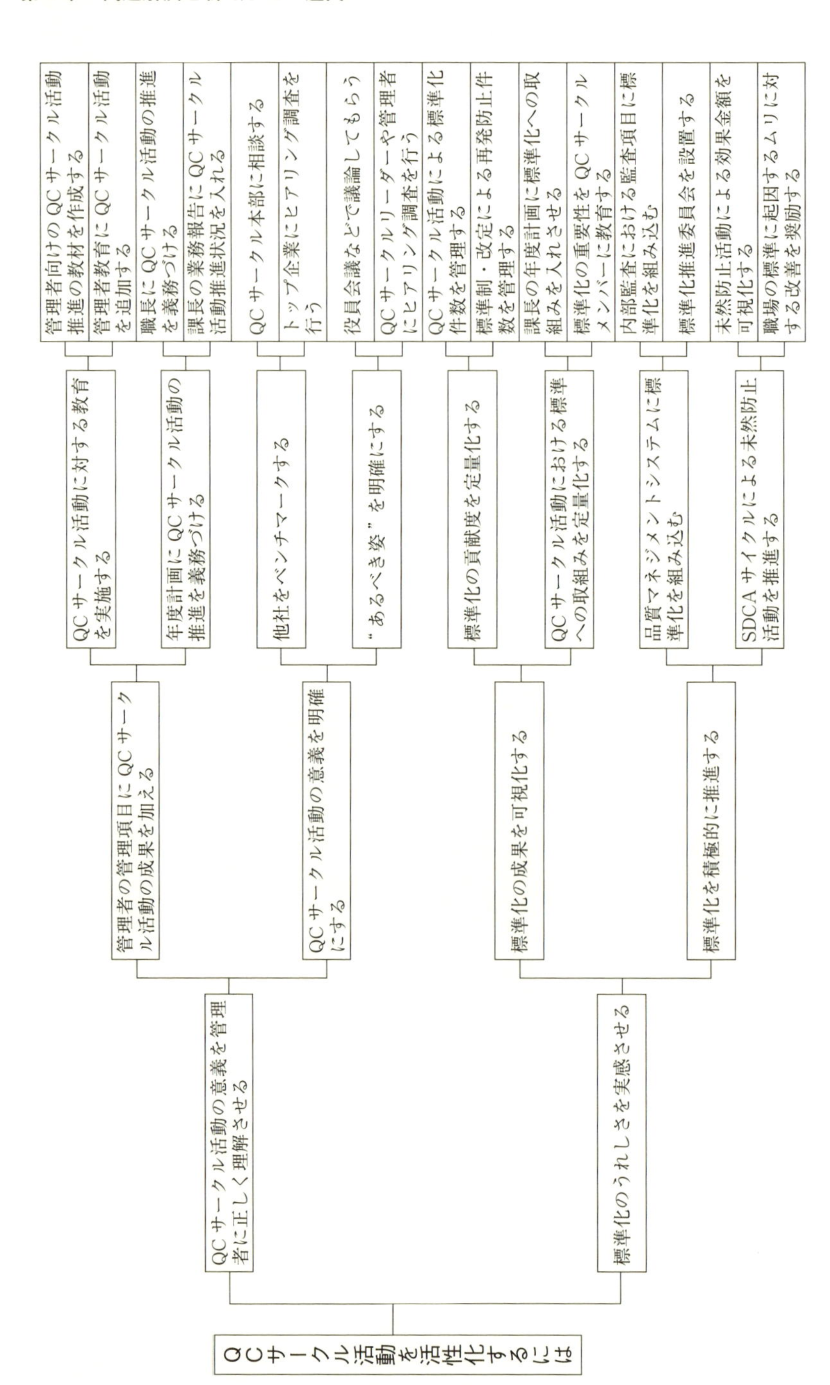


**図表2.11　「QCサークル活動を活性化するには」に対する系統図**

| 評点 | 効　果 | 実現性 | 経済性 |
|---|---|---|---|
| 1 | 効果は限定的である | 実現性は厳しい | 上司の許可が必要である |
| 3 | 効果が期待できる | 実現できる | 自前でまかなえる |
| 5 | 効果は絶大である | 容易に実現できる | まったくの負担がない |

**図表 2.12　評価尺度**

価した結果を図表2.13に示す.

この結果,「QCサークル活動を活性化する」ための最適手段として,「管理者教育にQCサークル活動を追加する」「QCサークルリーダーや管理者にヒヤリング調査を行う」という2つの手段と，実現性の評価は低いが必要な手段として,「QCサークル改善活動による標準化件数を管理する」ことを最適手段として採択している.

なお，必須項目と要望項目の区分を採用しない場合には,

総合評価＝効果の点数×実現性の点数×経済性の点数

を用いて，最適手段を選定することもある.

## 2.6　アロー・ダイヤグラム法による実行計画の作成

図表2.13において選択された最適手段を実施に移すためには，詳細な実行計画を作成しなければならない．図表2.14は,「管理者教育のQCサークル活動を追加する」ための詳細実行計画を作成したものである.

図2.14において○印で表示されているものを**結合点**といい，結合点と結合点を結ぶ矢線は作業要素を表している．また，矢線の下部に記した数値は，作業に要する作業時間を意味している．結合点の傍にある2段の箱における上段の数値は，結合点に引き続く作業を開始することができるもっとも早い時間を表している．例えば，結合点番号6の上段における21は，引き続く作業を全体作業の開始から21日目に開始できることを表している．その意味で，この数値を**最早結合点日程**という．また，下段の数値は，全体の作業日程(この場合には，109日)を守るために，引き続く作業を遅くても開始しなければならない時間を表している．例えば，結合点番号6の下段における73は，引き続く作業を遅くとも73日目には開始

| 目的 | 一次手段 | 二次手段 | 三次手段 | 四次手段 | 効果 | 実現性 | 経済性 | 総合評価 |
|---|---|---|---|---|---|---|---|---|
| QCサークル活動を活性化するには | QCサークル活動の意義を管理者に正しく理解させる | 管理者の管理項目にQCサークル活動の成果を加える | QCサークル活動に対する教育を実施する | 管理者向けのQCサークル活動推進の教材を作成する | 3 | 3 | 3 | 27 |
| | | | | 管理者教育にQCサークル活動を追加する | 5 | 5 | 5 | 125 |
| | | | 年度計画にQCサークル活動の推進を義務づける | 職長にQCサークル活動の推進を義務づける | 3 | 3 | 5 | 45 |
| | | | | 課長の業務報告にQCサークル活動推進状況を入れる | 5 | 5 | 5 | 45 |
| | | QCサークル活動の意義を明確にする | 他社をベンチマークする | QCサークル本部に相談する | 3 | 5 | 5 | 75 |
| | | | | トップ企業にヒアリング調査を行う | 3 | 3 | 5 | 45 |
| | | | "あるべき姿"を明確にする | 役員会議などで議論してもらう | 5 | 1 | 5 | 25 |
| | | | | QCサークルリーダーや管理者にヒアリング調査を行う | 5 | 5 | 5 | 125 |
| | 標準化のうれしさを実感させる | 標準化の成果を可視化する | 標準化の貢献度を定量化する | QCサークル活動による標準化件数を管理する | 5 | 3 | 5 | 25 |
| | | | | 標準制・改定による再発防止件数を管理する | 5 | 3 | 3 | 45 |
| | | | QCサークル活動における標準への取組みを定量化する | 課長の年度計画に標準化への取り組みを入れさせる | 3 | 5 | 5 | 75 |
| | | | | 標準化の重要性をQCサークルメンバーに教育する | 3 | 3 | 3 | 27 |
| | | 標準化を積極的に推進する | 品質マネジメントシステムに標準化を組み込む | 内部監査における監査項目に標準化を組み込む | 3 | 1 | 5 | 45 |
| | | | | 標準化推進委員会を設置する | 5 | 1 | 5 | 25 |
| | | | SDCAサイクルによる未然防止活動を推進する | 未然防止活動による効果金額を可視化する | 5 | 1 | 3 | 15 |
| | | | | 職場の標準に起因するムリに対する改善を奨励する | 3 | 3 | 5 | 45 |

**図表2.13　マトリックス図による最適策の選定**

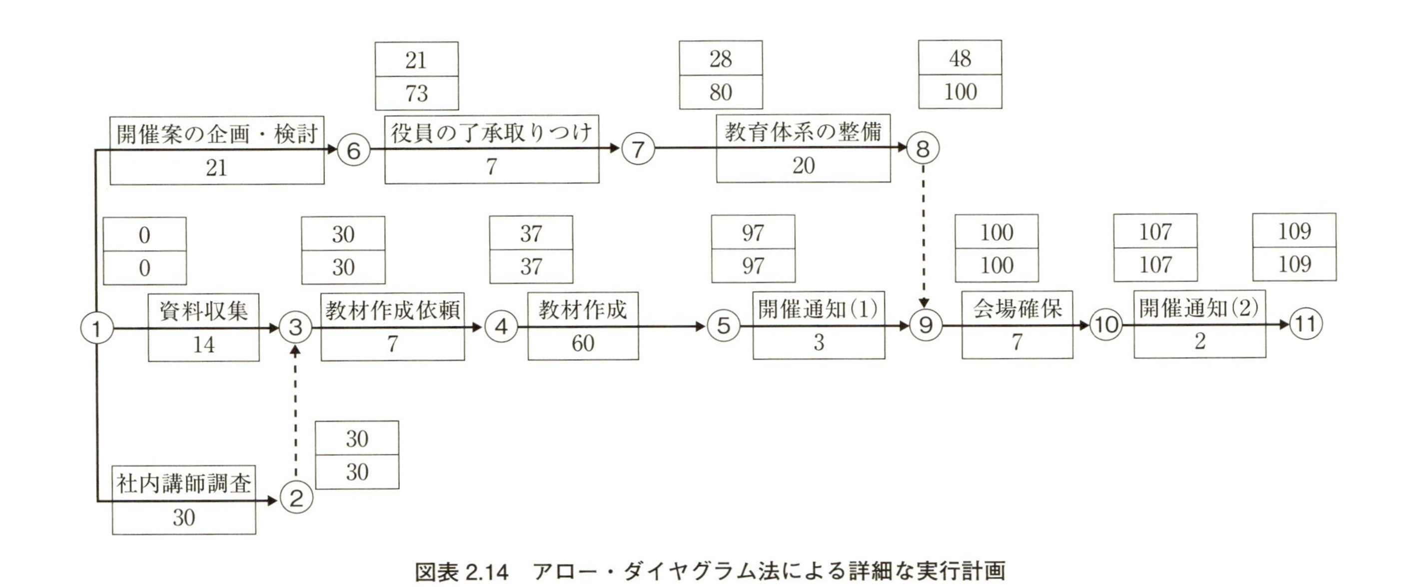


図表2.14 アロー・ダイヤグラム法による詳細な実行計画

していなければならないことを表している．その意味で，この数値を**最遅結合点日程**という．

図表2.14をみると，最早結合点日程と最遅結合点日程が一致している結合点のあることがわかる．両者が一致しているということは，着手可能時間と着手必達時間が一致しているということであり，「その結合点に引き続く作業には日程的な余裕がない」ことになる．このように，日程に余裕のない結合点によって結ばれる経路を**最重要経路**(クリティカル・パス)という．

なお，アロー・ダイヤグラムでは，2つの結合点を結ぶ矢線として一つの作業を表すことになっている．したがって，図表2.14で示すように，結合点①と結合点③の間にある2つの作業「資料収集」と「社内講師調査」を表すとき，新しい結合点②を追加するとともに，結合点②と結合点③を**点線の矢線**で結ぶ．この点線の矢線が表す作業を**ダミー作業**といい，その所要時間はゼロである．

## 2.7　PDPC法による不測事態への備え

目的達成のための実行計画が，当初の予定どおりに推移するとは限らない．特に，技術開発問題などでは，一連の解決手段を実施したことによる結果を完全に推測できないことがあり，想定しなかった特許への抵触問題や未知技術問題などの発生することもある．また，企業が事業やプロジェクトを継続していくうえで障害となる事態には，さまざまなものがある．そうした事態が勃発した場合に備えて，あらかじめ対策や手続きを計画しておくことが必要になる．

例えば，海外新工場の建設において，建設している施設に予期せぬ障害が発生すると，施工納期に大幅な遅延を招くことになる．また，$CO_2$排出削減技術を組み込んだコンプレッサーの開発において，当初計画していた技術が他社特許に抵触することが判明した場合，開発そのものの断念を迫られる可能性もある．さらに，賃借地の延長契約交渉においては，地権者の態度急変によって想定外の高額の地借料を請求されたり，契約中断を余議なくされたりするリスクもある.

このような場合，不測事態の発生時の損害の大きさと発生確率を加味したリスクを評価したうえで，緊急時における関係者の行動指針や行動計画，顧客や株主あるいはマスコミへの対応方針，業務や機能の継続・復旧作業の優先順位といった文書のほか，代替設備・業者の準備，安全在庫の確保といった対策を検討することが必要になる.

このように，新しい技術やシステムの開発活動では，その活動プロセスで発生が懸念される事態を想定し，それらに対して抜け落ちのない解決策と処置計画を事前に検討しておくことが望まれる．PDPC法は，このような問題解決活動のプロセス進展に伴って発生の懸念される不測の事態に臨戦即応するためのコンティンジェンシー・プラン（不測事態対応計画，危機管理計画）を作成する手法である.

図表2.15は，「管理者教育におけるQCサークル活動を追加する」ための詳細な実行計画において，発生する可能性のある不測の事態を検討するために作成したPDPCである.

この図表2.15から，4カ所の×印で示された場所に，研修会開催が中止に追い込まれるリスクのあることがわかる．このように，PDPCを作成することで，リスクをあらかじめ予測することができれば，研修会を無事に開催できるための事前計画を検討することができる.

なお，読者が実際の問題解決活動を進めるためにPDPCを作成しようとするときに，図表2.15のようにスタートからゴールまでのPDPCを確実に作成できる場合は少ない．すでに述べたように，PDPCの完成版を書こうとすれば，途中に読み切れないところがあることを知ることも大切である．すなわち，「わかっていることと，わかっていないことを知ること」がPDPCの作成において大切なことである.

## 2.8　マトリックス・データ解析法による混沌の整理

この方法は，多変量解析法の中の主成分分析法と呼ばれる方法のことである．したがって，その細部を学ぼうとすれば，適当な多変量解析法のテ

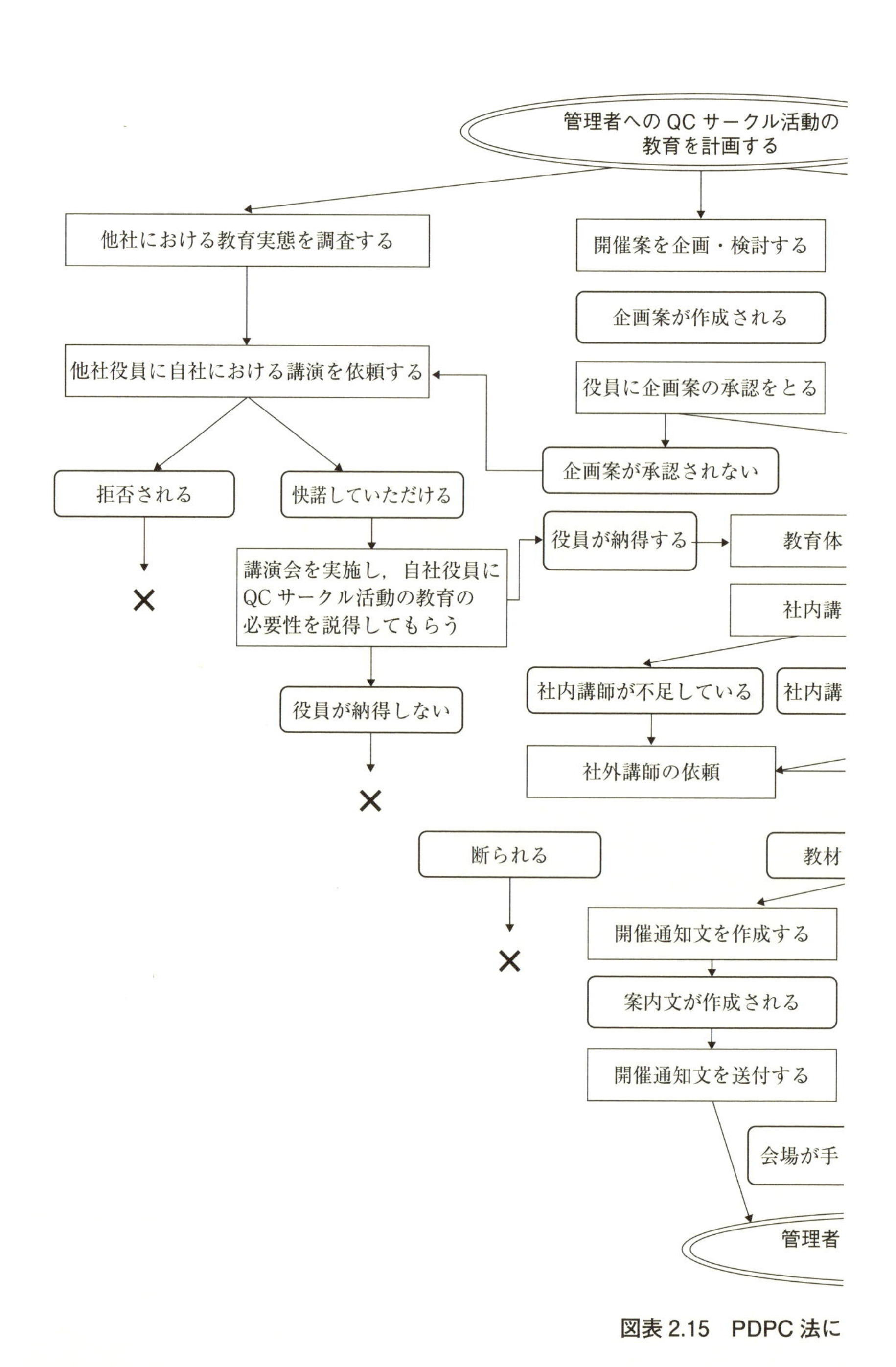


図表 2.15　PDPC 法に

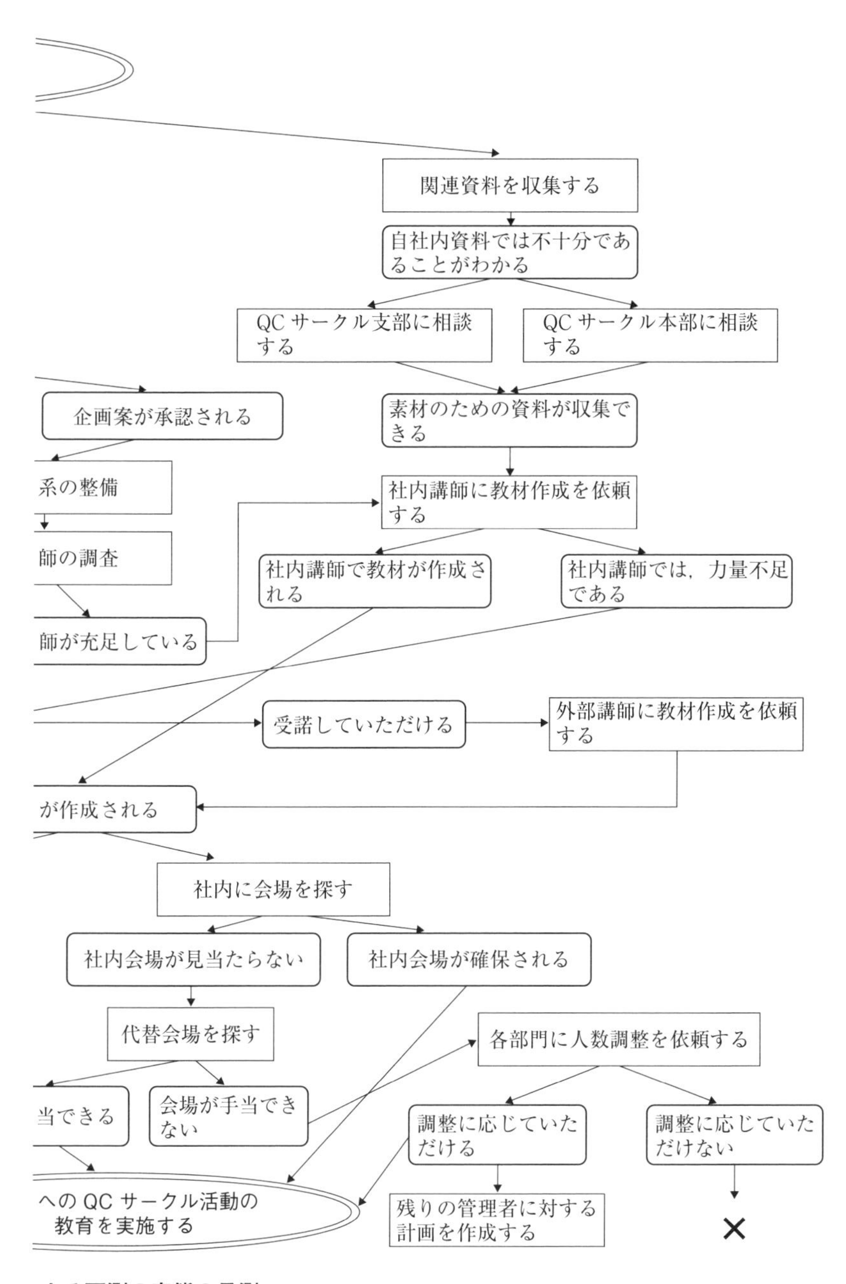
関連資料を収集する
自社内資料では不十分であることがわかる
QC サークル支部に相談する
QC サークル本部に相談する
企画案が承認される
素材のための資料が収集できる
系の整備
社内講師に教材作成を依頼する
師の調査
社内講師で教材が作成される
社内講師では，力量不足である
師が充足している
受諾していただける
外部講師に教材作成を依頼する
が作成される
社内に会場を探す
社内会場が見当たらない
社内会場が確保される
代替会場を探す
各部門に人数調整を依頼する
当できる
会場が手当できない
調整に応じていただける
調整に応じていただけない
への QC サークル活動の教育を実施する
残りの管理者に対する計画を作成する
×

よる不測の事態の予測

キストを参照することになる．

ここでは，「管理者に対する QC サークル活動の教育を実施する」うえで必要な社内講師をリストアップするために収集した候補者の経歴データをもとに，マトリックス・データ解析法の紹介を行う程度にする．

図表 2.16 は，10 名の候補者に対する評価項目ごとの力量(100 点満点)を示したものである．

この図表 2.16 から，各評価項目の平均 $\bar{x}_j$ と標準偏差 $s_j$ を求めると，図表 2.17 のようになる．

また，第 $j$ 項目と第 $k$ 項目の第 $i$ 番目の候補者のスコアを $x_{ij}$, $x_{ik}$ として，第 $j$ 項目と第 $k$ 項目の平均を $\bar{x}_j$, $\bar{x}_k$ とするとき，第 $j$ 目と第 $k$ 項目の相関係数を

$$r_{jk} = \frac{\sum_{i=1}^{n}(x_{ij}-\bar{x}_j)(x_{ik}-\bar{x}_k)}{\sqrt{\sum_{i=1}^{n}(x_{ij}-\bar{x}_j)^2 \sum_{i=1}^{n}(x_{ik}-\bar{x}_k)^2}}$$

| 候補者 No. | QC サークルリーダー $x_1$ | QC 的問題解決法 $x_2$ | 問題解決の実践 $x_3$ | 教育能力 $x_4$ |
|---|---|---|---|---|
| 1 | 65 | 85 | 70 | 65 |
| 2 | 77 | 70 | 75 | 80 |
| 3 | 35 | 58 | 60 | 45 |
| 4 | 90 | 60 | 56 | 90 |
| 5 | 60 | 90 | 95 | 65 |
| 6 | 48 | 40 | 39 | 57 |
| 7 | 65 | 54 | 60 | 70 |
| 8 | 50 | 80 | 69 | 46 |
| 9 | 75 | 50 | 43 | 77 |
| 10 | 89 | 85 | 90 | 87 |

図表 2.16　候補者の力量データ

| 評価項目 | 平均 | 標準偏差 |
|---|---|---|
| $x_1$ | 65.4 | 17.896 |
| $x_2$ | 67.2 | 17.229 |
| $x_3$ | 65.7 | 18.111 |
| $x_4$ | 68.2 | 15.725 |

図表 2.17　平均と標準偏差

によって求めると，評価項目間の相関(係数)行列は，図表2.18のようになる．

また，図表2.16のデータから，

$$u_{ij} = \frac{x_{ij} - \bar{x}_j}{s_j}$$

によって，データを標準化すると，図表2.19のようになる．

この図表2.18の相関行列に対する固有ベクトル，固有値，寄与率及び累積寄与率を求めると，図表2.20のようになる(この計算は，専用統計ソフトによる)．

この結果，図表2.19の標準化されたデータに対する第1主成分$z_1$と第2主成分$z_2$は，

$$z_1 = 0.544u_1 + 0.462u_2 + 0.491u_3 + 0.500u_4$$

$$z_2 = -0.422u_1 + 0.541u_2 + 0.501u_3 - 0.511u_4$$

で与えられることがわかる．

また，この固有ベクトルの符号から，第1主成分は総合能力を示し，第2主成分は，「QCサークルリーダーとしての実績と教育能力—QC的問

| 評価項目 | $x_1$ | $x_2$ | $x_3$ | $x_4$ |
|---|---|---|---|---|
| $x_1$ | 1.000 | 0.195 | 0.224 | 0.972 |
| $x_2$ | 0.195 | 1.000 | 0.911 | 0.057 |
| $x_3$ | 0.224 | 0.911 | 1.000 | 0.154 |
| $x_4$ | 0.972 | 0.057 | 0.154 | 1.000 |

図表2.18　相関行列

| | | | | |
|---|---|---|---|---|
| 1 | −0.022 | 1.033 | 0.237 | −0.203 |
| 2 | 0.648 | 0.163 | 0.513 | 0.750 |
| 3 | −1.699 | −0.534 | −0.315 | −1.475 |
| 4 | 1.375 | −0.418 | −0.536 | 1.386 |
| 5 | −0.302 | 1.323 | 1.618 | −0.203 |
| 6 | −0.972 | −1.579 | −1.474 | −0.712 |
| 7 | −0.022 | −0.766 | −0.315 | 0.144 |
| 8 | −0.861 | 0.743 | 0.182 | −1.412 |
| 9 | 0.536 | −0.988 | −1.523 | 0.560 |
| 10 | 1.319 | 1.033 | 1.342 | 1.196 |

図表2.19　標準化されたデータ

| 評価項目 | 第1主成分 | 第2主成分 |
|---|---|---|
| $x_1$ | 0.544 | −0.442 |
| $x_2$ | 0.462 | 0.541 |
| $x_3$ | 0.491 | 0.501 |
| $x_4$ | 0.500 | −0.511 |
| 固有種 | 2.262 | 1.630 |
| 寄与率 | 56.50% | 40.70% |
| 累積寄与率 | 56.50% | 97.30% |

**図表 2.20　固有値と固有ベクトル**

題解決法と問題解決の実績を対比した尺度である」ことから，「リーダーシップと問題解決力」を表現していると理解できる．なお，図表 2.20 から，第1主成分は全体のバラツキの 56.5% を説明し，第2主成分と併せると全体のバラツキの 97.3% を説明できていることがわかる．

さらに，各候補者の第1主成分得点と第2主成分得点を求めると，図表 2.21 のようになる．

図表 2.21 の第1主成分得点と第2主成分得点の散布図を作成すると，図表 2.22 が得られる．

図表 2.22 をみると，No.10 の候補者は総合能力が高く，全体にバランスのとれた候補者であり，No.4 の候補者は総合能力では第4位であるが，QC サークルリーダーとしての実績と教育能力にすぐれていることがわかる．また，No.5 の候補者は総合能力では第3位であるが，QC 的問題解決法と問題解決の実践にすぐれていることがわかる．

結果としてみれば，No.10 の候補者がもっとも好ましいが，指導講師を断られた場合には，No.4 と No.5 の候補者に指導講師を打診すべきであると言える．

なお，本章で紹介している内容の詳細に関心のある読者は，拙書[4][5][39]を参照していただきたい．

| 候補者 No. | $x_1$ | $x_2$ | $x_3$ | $x_4$ | $z_1$ | $z_2$ |
|---|---|---|---|---|---|---|
| 1 | −0.022 | 1.033 | 0.237 | −0.203 | 0.480 | −0.203 |
| 2 | 0.648 | 0.163 | 0.513 | 0.750 | 1.055 | 0.750 |
| 3 | −1.699 | −0.534 | −0.315 | −1.475 | −2.063 | −1.475 |
| 4 | 1.375 | −0.418 | −0.536 | 1.386 | 0.985 | 1.386 |
| 5 | −0.302 | 1.323 | 1.618 | −0.203 | 1.140 | −0.203 |
| 6 | −0.972 | −1.579 | −1.474 | −0.712 | −2.338 | −0.712 |
| 7 | −0.022 | −0.766 | −0.315 | 0.144 | −0.463 | 0.144 |
| 8 | −0.861 | 0.743 | 0.182 | −1.412 | −0.741 | −1.412 |
| 9 | 0.536 | −0.988 | −1.523 | 0.560 | −0.050 | 0.560 |
| 10 | 1.319 | 1.033 | 1.342 | 1.196 | 2.451 | 1.196 |

図表 2.21 標準化されたデータと主成分得点

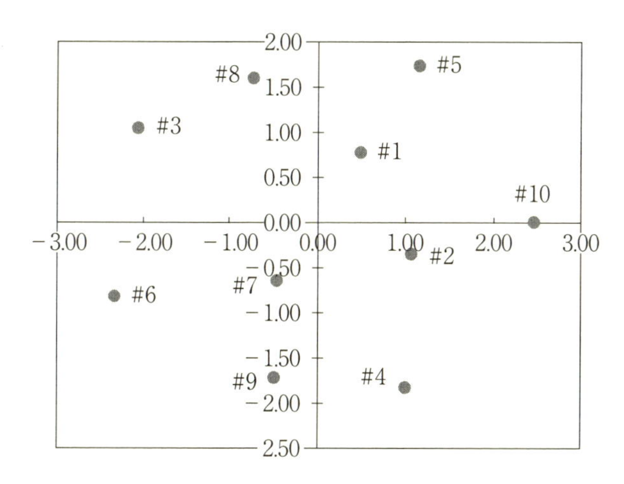


図表 2.22 主成分得点の散布図

## 第Ⅰ部の参考文献

[1] 浅田潔：『21世紀の経営戦略を支える「新QC七つ道具」の使い方』，日経事業出版センター，2003年.
[2] 飯塚悦功：『現代品質管理総論』，朝倉書店，2009年
[3] 飯塚悦功，金子龍三：『原因分析～構造モデルベースと分析術～』，日科技連出版社，2012年.
[4] 猪原正守：『新QC七つ道具の基本と活用』，日科技連出版社，2011年.
[5] 猪原正守：『新QC七つ道具入門』，日科技連出版社，2009年.
[6] 今里健一郎：『図解入門ビジネス 新QC七つ道具の使い方がよ～くわかる本』，秀和システム，2012年.
[7] 遠藤功：『現場力を鍛える―「強い現場」をつくる7つの条件』，東洋経済新報社，2004年.
[8] 遠藤功：『見える化―強い企業をつくる「見える化」しくみ』，東洋経済新報社，2005年.
[9] 大藤正：『JSQC選書13 QFD―企画段階から質保証を実現する具体的方法』，日本規格協会，2010年.
[10] 笠井肇：『開発設計のためのTRIZ入門―発明を生む問題解決の思考法』，日科技連出版社，2006年
[11] 川喜田二郎：中公新書『発想法』，中央公論新社，1967年.
[12] 川喜田二郎：中公新書『続・発想法 KJ法の展開と応用』，中央公論新社，1970年.
[13] 久米均：『設計開発のための品質マネジメント』，日科技連出版社，1999年.
[14] C. H. ケプナー，B. B. トリゴー，上野一郎(訳)：『新・管理者の判断力―ラショナル・マネジャー』，産業能率大学出版部，2012年.
[15] 佐々木常夫：『部下を定時に帰す「仕事術」』，WAVE出版，2013年.
[16] 日本品質管理学会 標準委員会編，『JSQC選書7 品質管理を論ずるための 品質管理用語85』，日本規格協会，2009年
[17] 新QC七つ道具研究会編：『新QC七つ道具の企業への展開』，日科技連出版社，2000年.
[18] 新QC七つ道具研究会編：『やさしい新QC七つ道具』，日科技連出版社，1984年.
[19] 鈴木和幸：『未然防止の原理とそのシステム』，日科技連出版社，2004年.
[20] 鈴木和幸編著，CARE研究会著：『信頼性七つ道具』，日科技連出版社，2008年.
[21] 鈴木順二郎，牧野鉄治，石坂茂樹：『FMEA・FTA実施法』，日科技連出版社，1998年.
[22] デミング賞委員会：『2013年度デミング賞 選考理由書 受賞報告講演要旨』，日本科学技術連盟.
[23] デミング賞委員会：『2014年度デミング賞 選考理由書 受賞報告講演要旨』，日本科学技術連盟.
[24] 永田靖，棟近雅彦：『多変量解析法入門』，サイエンス社，2001年.
[25] 納谷嘉信：『TQC推進のための方針管理』，日科技連出版社，1982年.
[26] 納谷嘉信：『TQCの知恵を活かす営業活動～人材育成から仕組みの構築へ～』，日科技連出版社，1991年.
[27] 納谷嘉信編，新QC七つ道具執筆グループ：『おはなし新QC七つ道具』，日本規格協会，1987年.
[28] 納谷嘉信監修，研究開発管理技術研究会編：『研究開発とTQC』，日本規格協会，1990年.
[29] 納谷嘉信，中村泰三，諸戸修三：『創造的魅力商品の開発―TQMの新たな展開』，日科技連出版社，1997年.
[30] 二川清：『故障解析技術』，日科技連出版社，2008年.

[31]　二見良治：『演習　新 QC 七つ道具―基礎と実践　図形思考力の強化に役立つ』，日科技連出版社，2008 年.
[32]　細谷克也：『Excel で QC 七つ道具・新 QC 七つ道具作図システム』，日科技連出版社，2012 年
[33]　日本ものづくり・人づくり質革新機構 ビジネスプロセス革新部会編：『ビジネスプロセス革新の最前線』，日本規格協会，2004 年.
[34]　濱口哲也，『失敗学と創造学』，日科技連出版社，2011 年.
[35]　古川芳邦，立川博巳，古川英潤，『ムダを利益に料理するマテリアルフローコスト経営』，日本経済新聞社出版，2014 年.
[36]　真壁肇，鈴木和彦，益田昭彦，『品質保証のための信頼性入門』，日科技連出版社，2002　年.
[37]　益田昭彦，高橋正弘，本田陽広：『新 FMEA 技法』，日科技連出版社，2012 年.
[38]　水野滋監修，QC 手法開発部会編著：『管理者スタッフのための新 QC 七つ道具』，日科技連出版社，2000 年.
[39]　棟近雅彦監修，猪原正守著：『Juse-Statworks による新 QC 七つ道具入門』，日科技連出版社，2007 年.
[40]　吉村達彦：『トヨタ式未然防止手法 GD$^3$』，日科技連出版社，2002 年.
[41]　吉村達彦：『想定外を想定する未然防止手法　GD$^3$』，日科技連出版社，2011 年.
[42]　米盛裕二：『アブダクション　仮説と発見の論理』，勁草書房，2007 年.

# 新QC七つ道具の実践

# 第3章

# N7，SQCを用いた問題解決へのアプローチ

## ～トヨタ車体でのよりよい問題解決へ向けての取組み～

**実践事例1●トヨタ車体㈱**

今回ここで紹介するのは決してエクセレントな事例ではない．解決すべき問題を持った実務者が，もがき苦しみながら，先輩，上司の協力のもとに問題解決してきた事例を紹介する．

我々が直面している問題は，時代とともに複雑になり，また配属間もない若手は，固有技術の積み上げもなく，実際に起こっている問題に対して，どのように対処すればよいかわからなくて悩んでいる．

そのような状況の中，N7，SQC手法を用いて合理的なアプローチで，いろいろな技術知見を持った先輩方のノウハウを引き出しながら問題解決をし，所属部署の方針達成に関わる重大問題の解決に努めている．

当社での事例を通して，N7の活用状況を紹介する．

## 3.1　はじめに

トヨタグループ各社と同様，当社においても問題解決を人材育成の柱として，他の教育(安全，TPS，SQCなど)と合わせ，階層別のキャリア育成に応じて実施している．若年層に対しては，今起きている問題に対して，どのようなステップで問題解決してゆくのかを教育し，キャリアを積み上げてきたマネジャ層に対しては，自らの置かれた環境を認識し，自分たちのめざす姿を描く中で，あるべき姿と現状のギャップの認識から課題を創造して，高い目標に向けた問題解決をするように育成している．いずれにしても，問題解決のステップは同じで，

ステップ1：問題・課題の認識(あるべき姿と現状のギャップ，やらね

ばならぬニーズ)

ステップ2：現状把握(現状の問題の掘り下げ，問題構造の理解，環境の認識)

ステップ3：目標設定(結果指標，プロセス指標，客観的な数値目標)

ステップ4：要因解析(5WHY(5なぜ)，要因構造の明確化，真因追究)

ステップ5：対策立案(優先順位，入力(人，物，金)に対する出力成果)

ステップ6：対策の実施

ステップ7：評価(評価尺度の明確化，客観的な効果確認)

ステップ8：標準化と管理の定着

の手順に変わりはない．若年層が主に取り組んでいる発生型問題解決にしても，マネジャ層が取り組むビジョン構築，課題創造型問題解決にしても，ステップ1の課題認識，ステップ2の現状把握，ステップ4の要因解析の掘り下げが浅く，問題があると感じている．

若年層の各種研修を通じて提出されるレポートを確認する中で，また，マネジメント層の方針展開を各職場で目のあたりにするに及び，痛切に感じるところである．問題の構造の理解が浅い，なぜなぜができていない，真因に至るまで掘り下げられていない，などの指摘を上司や関係者からいただく．

このような基本認識のもと，個々の例を見ていく中で，どのようにしていけばよいのかを見ていきたい．

## 3.2　事例1(PDPCで衆知を集めて計画の質を上げる)

### テーマ：強度寿命予測精度の向上～CAE精度向上へ向けての取組み～

昨今の車作りは，競争力確保のため開発期間の短縮が進められてきている．

CAE(Computer-Aided Engineering)を用いた評価技術は，強度解析，剛性解析などを対象とする分野では大変精度が良く，CAEの解析結果のみで事前評価ができ，近年の大幅な開発期間の短縮に寄与している．今回取り上げたテーマ領域では，CAE による予測精度は相対評価では十分な精度を有するものの，絶対評価としてはまだ十分でなく，実車との差をチューニングしている.

この領域での予測精度の向上が図れ，CAE 解析結果をそのまま絶対評価として使うことができれば，大きな成果が期待できる.

### 3.2.1　問題の明確化

解決すべき問題を明確にするため，以下の 2 点に配慮する.

① 業務フローの中で，対象業務の位置づけ，前後工程の関係を明確にする(図表 3.1)

② 本来ありたい姿に対して，現状とのギャップから問題を明確にし，解決すべき課題を明確にする(図表 3.2)

①で，今自分が担当している業務が，前後工程との関係でどのような位置づけにあるのかを認識する．遅滞なく質の良い業務成果をタイミングよく出力するためには，いつまでにどのようなレベルの情報をもらう必要があるのか，また後工程に対しては，自分の仕事のアウトプットが，どのような基準を満たしていなければいけないのか，出力の遅滞が起こった場合，どれくらいの影響を及ぼすのかを認識して業務を進めることが必要である．良い仕事のためには，お客様(後工程)を十分に認識することが必要である.

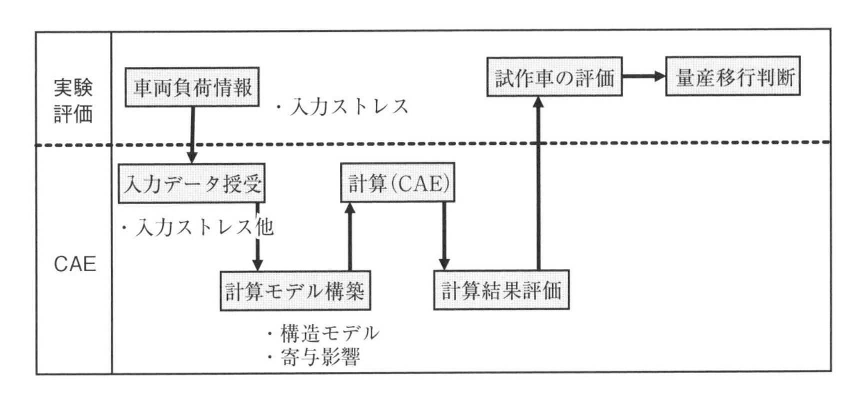


図表 3.1　開発プロセスの中での業務の位置づけ

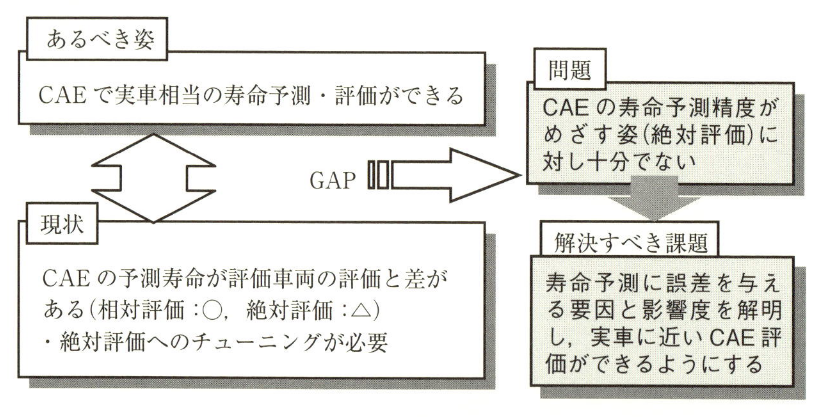


**図表3.2　問題の明確化**

②では，今行おうとしている目的・目標(あるべき姿)が明確になっており，現状に対して，あるべき姿に至るためには，どのような問題があり，克服すべき課題は何かを明確に認識する．図表3.2に，今回の事例の例を示す．

## 3.2.2　現状把握

① 現在起きている問題の大きさ(所要工数，開発コスト……)を明らかにする

② 実車とCAE解析結果の差(ズレの量)を明らかにする

①で，顕在化しているQCD観点での問題の大きさを把握する．具体的には，所要工数○○時間，結果として，リードタイムオーバー××日となり，後工程への迷惑をかけることとなる．実際には，開発期間が決まっているため，しわ寄せが担当者及び該当部署の業務高負荷となって跳ね返ってくる．CAE解析精度がめざす姿まで向上し，業務がスムーズに進行すれば，本来やらなくてもよいこのチューニング業務の廃止が可能となる．②では，このような業務のやり直しが起こっている根本原因であるCAE寿命予測精度の現状がどのレベルにあるかを認識する．この現状把握をもとに，目標値の設定に入る．

### 3.2.3　目標の設定

実車と CAE 解析結果の差（ズレの量）がどれくらいのレベルであれば CAE 寿命予測結果が実車評価として使えるかが目標設定の根拠となる．図表 3.3 に現状の実車評価結果と CAE 寿命予測結果（イメージ図）を示す．両者の精度が一致するのは斜め 45° の 1 点鎖線上となるが，実用的には楕円の破線で示した中にあれば実用に耐え得るので，これを目標値として設定した．

**目標値**：CAE 寿命予測解析精度（許容精度）/ 実車評価結果 = ±×．××

### 3.2.4　推進計画

問題解決にあたり，トヨタグループでは「山登り図」を書きなさいと言われる．どのようなステップで，目標とするゴールへたどり着くかを描き，計画的に物事を進めるためである．図表 3.4 に，計画時に描いた「山登り図」を示す．

今回のような，開発的要素の強いテーマでは，最初に描いた計画どおりに，なかなか行かない．「やってみないとわからない」「やってみてもうま

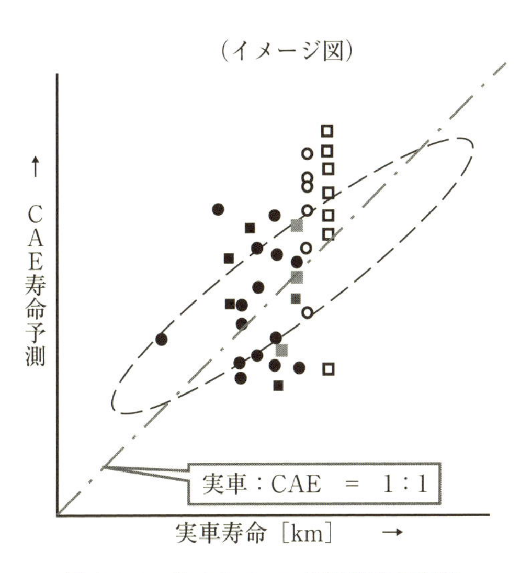


図表 3.3　実車と CAE 予測精度の関係

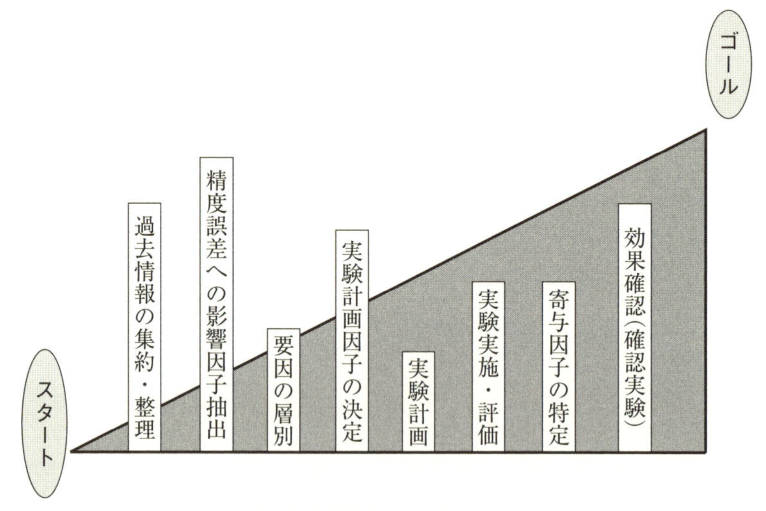


**図表3.4　問題解決の流れ「山登り図」**

くいくとは限らない」のが，開発である．

そこで，当社では，このようなテーマの推進にあたり，PDPC（Process Decision Program Chart）を描くことを推奨している．事前に全体の業務プロセスを見通し，各プロセスで起こり得るかもしれない，いろいろなリスクを予測し，もしその問題が起こった場合の対処まで考えておく．推進の各プロセスで，何か問題が起ころうとも，何とかゴールにたどり着くための道筋を描いておく．

これで，成功への確率が高くなり，問題が起こってから考え，対処するのではなく，あらかじめ次の一手を準備してあるため，自信を持って，短いリードタイムで，したたかに開発を進めることができる．

とは言ってもPDPCを描くのはなかなか難しく，最初はフローチャートのようなものになってしまう．はじめに描いた本事例のPDPCを図表3.5に示す（本来のPDPC法の使い方ではないが，問題解決のステップ4～ステップ7を計画の質を上げるためPDPC的に検討した）．

実際の業務を進めるうえでは，これら業務ステップを実際に進めて行くうえで想定される問題がいろいろ出てくる．こうした問題を事前にどのような形で解決していくのか，または回避していくのかをPDPC法を用い

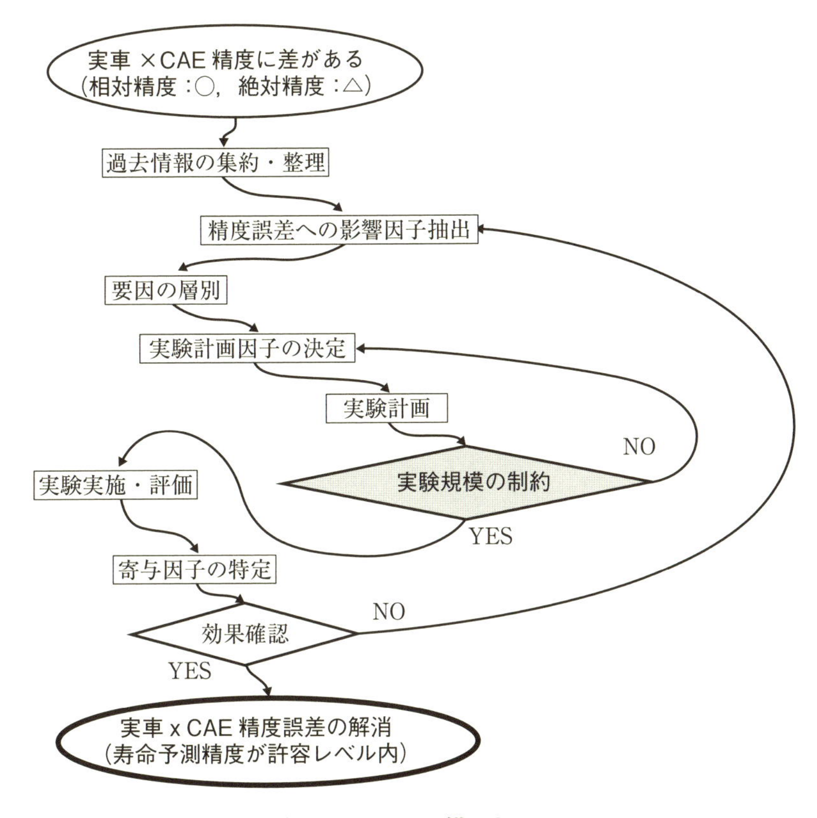


**図表3.5　はじめに描いたPDPC**

て事前検討して業務に取りかかった(図表3.6).

ここでは，影響因子の要因抽出の部分と，抽出した要因を実験の規模に応じて，適切に絞り込む点に問題があるのではないか，と業務を進める前にプロセスを加えた.

過去の情報や，業務経験の浅いテーマ推進者の固有知識だけで，影響する要因すべてを洗い出せているとは限らず，また経験の深いテーマ推進者であっても，経験が深いがゆえに思い込みが強くなってしまい，客観的に素直に見ることができなくなっている可能性もある．このようなケースへの対応として，上司や同じ業務を推進するメンバー，過去に同業務を経験したことがあるものなどの知見を取り込み，関係者によるCAE寿命

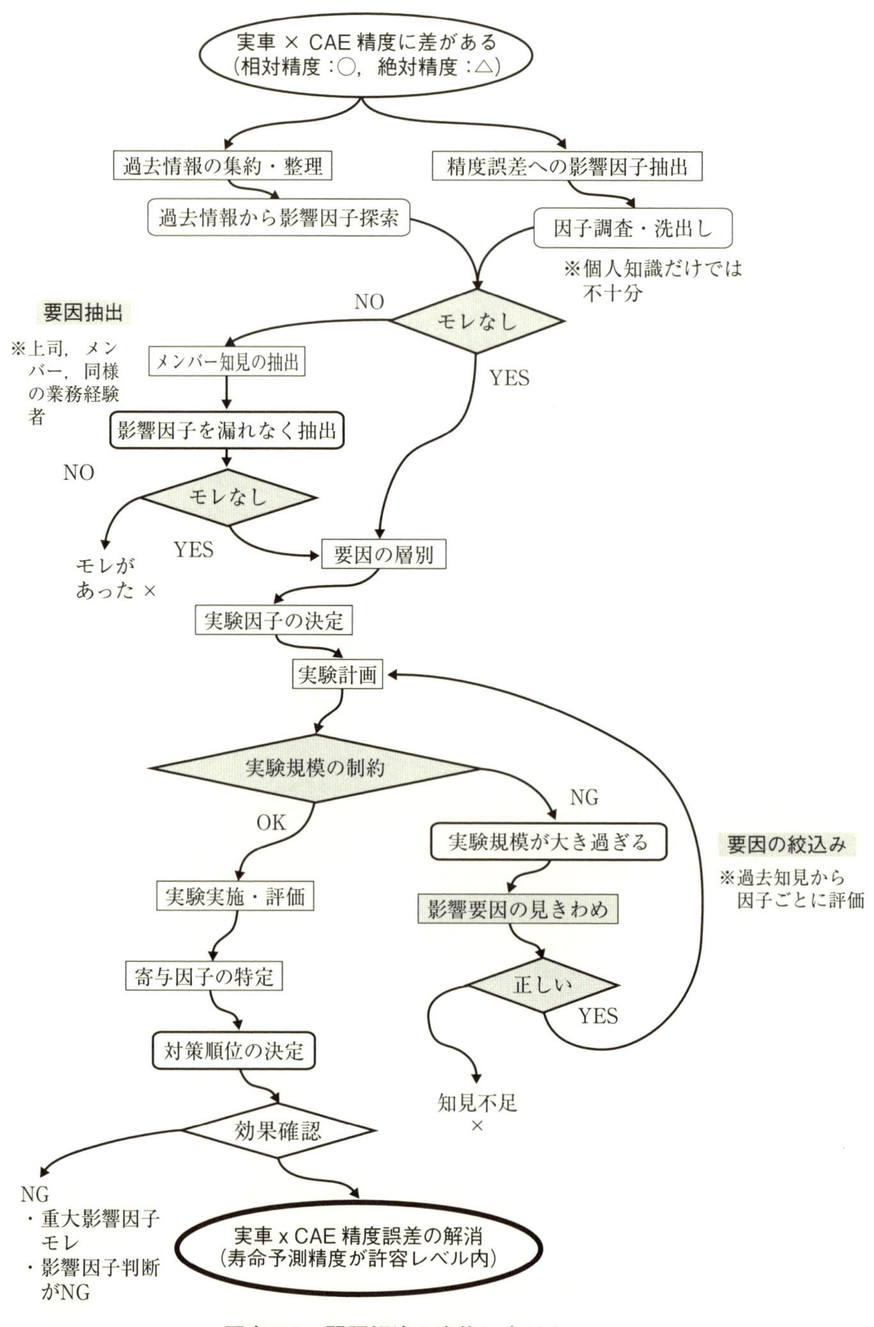


図表 3.6　問題解決の実施に向けた PDPC

予測精度誤差に影響を及ぼす要因の洗い出しを行うプロセスを追加した．このプロセスで，一旦考えられるすべての要因を洗い出す．こうしたやり方で，重要な影響因子が最初から除外されることを防ぐことができる．PDPC 法の図を用い検討することにより，はじめから影響因子にモレがあるリスクを防ぐことができる．

因子は数多く取り上げたが，まともに実験をしようと思うと，実験が大きくなりすぎてしまい，膨大なコスト，リードタイムがかかってしまい合理的ではない．そこで，効率的に小さな実験で成果につなげるためには，実験で取り上げる要因を絞り込む必要がある．

ここでも，関係者による過去知見，経験値ベースの要因寄与をメンバーで判断し，重要影響因子とその寄与の大きさを決めた．

図表 3.7 に，実車 × CAE 解析結果の誤差要因とその影響度他についてポストイットを使いながら整理，評価した結果を示す．実車 × CAE 解析結果に誤差を及ぼすと思われる要因を，メンバー間で議論することですべて洗い出した．通常，4M 切り口で関係する要因を層別し整理を行なうが，ここでは 8 つの幹に分けられた．個々の幹にぶら下がるそれぞれの因

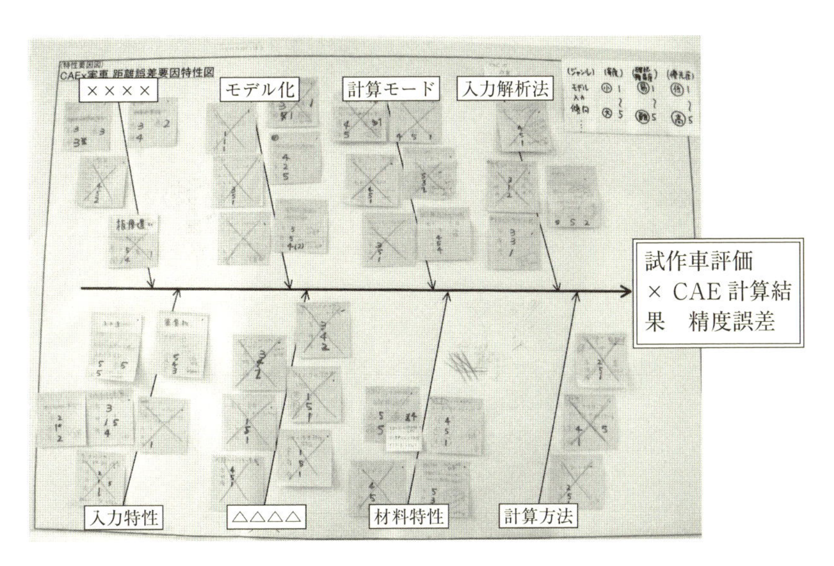


図表 3.7　実車 × CAE 解析結果の精度誤差に影響を及ぼす要因特性図

子に対して，精度誤差に与える影響の大きさ，CAEでの評価ができるか否か(例えば，摩耗，熱劣化などの経時劣化の評価はCAEでは今は不可)，たくさんの因子がある中で優先的に評価したいもの，などの観点で評価を加えた．図表3.7の中のポストイットシートに書き込まれている数字が，その評価点である．このケースでは，評価点を決める客観的な基準がないため，参加したメンバーの合議の上，5点満点での評価点を付けた．

CAEでの評価ができない磨耗などの因子は最初から除き，精度誤差に与える影響が大きいと考えられる因子を，次に，どの因子から優先的に調べたいかの基準で，実験に取り上げる因子を絞り込んだ．
具体的にはマトリックス図法で整理し，精度誤差に影響が大きいと考えられる重要要因の優先度をつけて絞り込んだ(図表3.8)．

このように，PDPCの中であらかじめ想定される推進課題を事前予知し，計画の中に織り込んでおく．今回は，影響要因の抽出部分と，要因の絞込み部分での問題予測をしたが，実際にはもっといろいろなリスクが考えられる．やってみて，問題が起こってから対処するのではなく，ゴールへ至る道筋の全体像を俯瞰し，どこにどのようなリスクがあるかを事前に

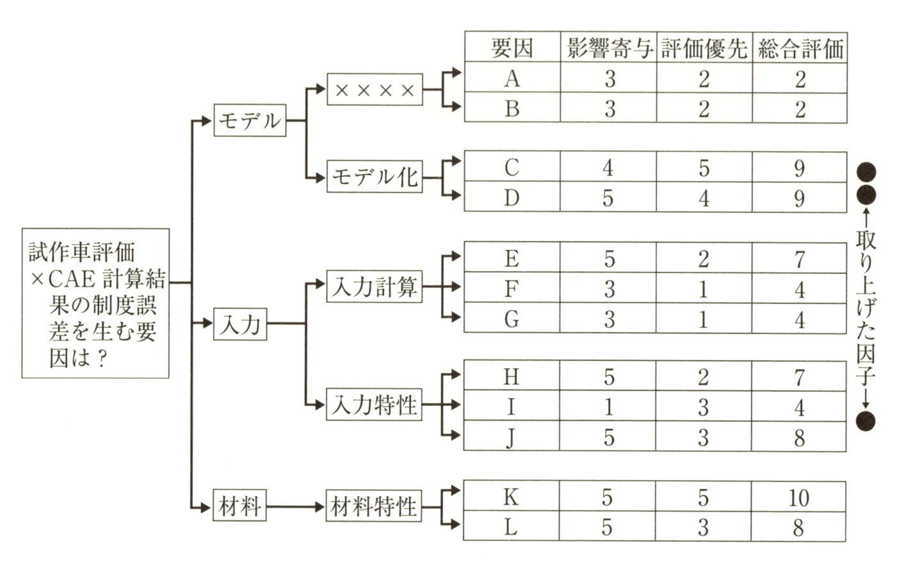


| 要因 | 影響寄与 | 評価優先 | 総合評価 |
|---|---|---|---|
| A | 3 | 2 | 2 |
| B | 3 | 2 | 2 |
| C | 4 | 5 | 9 |
| D | 5 | 4 | 9 |
| E | 5 | 2 | 7 |
| F | 3 | 1 | 4 |
| G | 3 | 1 | 4 |
| H | 5 | 2 | 7 |
| I | 1 | 3 | 4 |
| J | 5 | 3 | 8 |
| K | 5 | 5 | 10 |
| L | 5 | 3 | 8 |

**図表3.8　CAE計算精度誤差　重要誤差要因(系統図×マトリックス図)**

認識しておく．合理的に進めるには，どのルートに従うべきか，思いどおりに行かなかった場合，最善の次の一手は何かをPDPCを使って検討しておく．PDPCで見えるようになっていると，上司，関係者からのアドバイスも得やすく，自分の気づいていないやり方，手順，危険がどこに潜むかなどもよくわかるようになる．つまり，衆知を集めた事前計画ができ，計画の質が上がる．

### 3.2.5　実験と解析結果の評価

今回，1つの計算にかかる所要時間と解析結果を出すのに許容されるリードタイムからモデル化で2因子，材料特性1因子の計3因子を取り上げ，実験計画に割りつけた．それぞれの因子の交互作用についても評価した．

評価特性値として実車の評価結果に対するCAEでの計算結果の比をとり，これを特性値として，車両重点評価部位の4カ所で評価を行った．
解析結果は，材料特性：因子Kの寄与が支配的であり，各因子間の交互作用はほとんど影響なしとの結果となった．

ただ現段階では，材料特性モデルを見直すのは困難(なぜ最初から制御不可能な因子を評価対象として取り込んだかの議論はある．材料特性がどれくらい効くのかを評価してみたかったため取り込んだのだが，圧倒的な効き率であった)である．

結果としては，誤差改善への影響は小さいが，因子Cと因子Dの最適組み合わせとすることによって，▲31％の改善へつなげることができた(目標値は，1/10，▲90％)．

十分な成果に至らなかったのは，因子の取上げ方，アプローチの仕方に問題があると思われるので，進め方についてPDPCに戻り，どうしたらよりよい進め方ができたかを反省した．

### 3.2.6　振返り

今回の仕事の流れに従い，どこに反省すべき点があるかを考えた．今回の仕事の仕方として，CAE計算精度誤差に影響を及ぼす因子を，もれな

当初の想定モデル

見えてきたこと

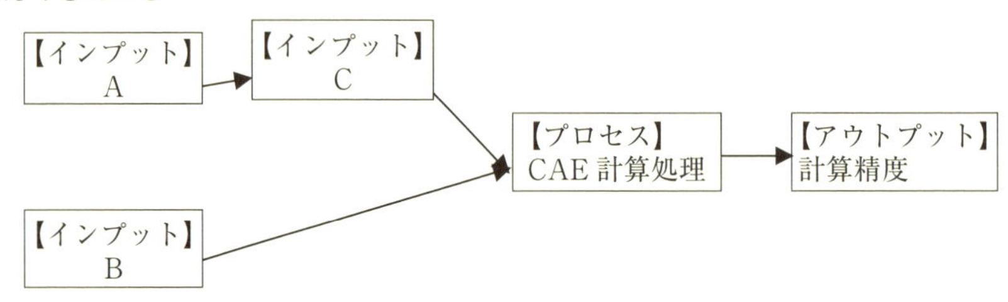


**図表3.9　当初の想定モデルと検討結果より見えてきたこと**

く，できるだけたくさん抽出し，影響が大きい因子を評価し，取り上げる因子を絞り込み，実験計画を用いて因子の影響度を調べた．通常なら，これで問題ないであろうが，振返りの中で議論すると，影響因子と考えられた因子間に何らかの関係があることが見えてきた．ある入力情報をもとに計算処理がなされ，中間の出力情報が形成された後，その情報をもとに最終の計算精度結果となることがわかってきた．つまり，図表3.9のような関係があるのではないかと考えられる．

この結果を踏まえて，最終的なPDPCを描くと，図表3.10の形になり，はじめに精度誤差を生む要因同士の因果関係の関連を明らかにしておく必要があったと反省している．

## 3.3　事例2（連関図で因果の連鎖を明らかにし，問題の発生を断ち切る）

**テーマ：金型かじり対策～高強度材成形時の金型寿命対策～**

最近の車は，環境に配慮した低燃費の車作りが求められる．そのため軽

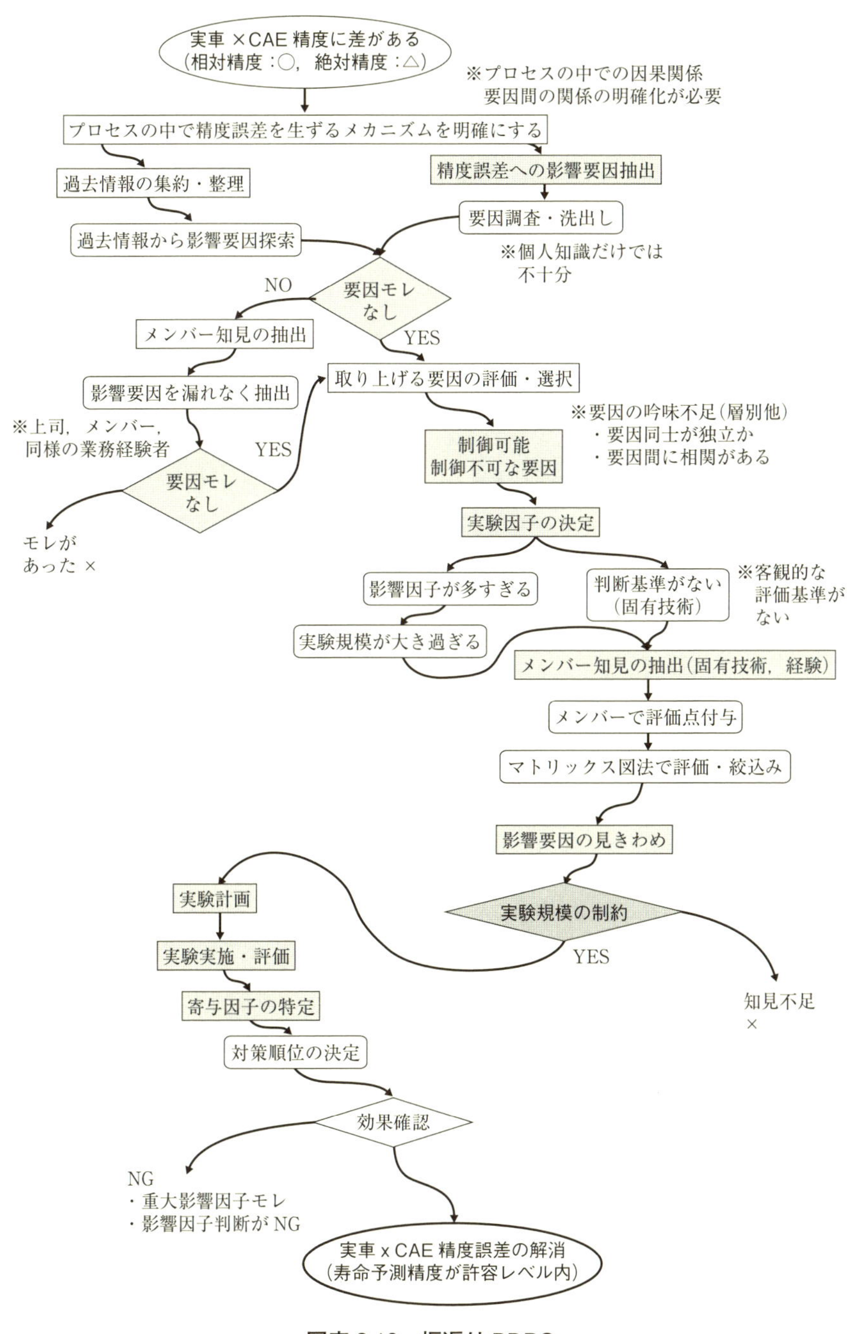


図表 3.10　振返り PDPC

くて，しかも安全性の高い車作りをめざし，高強度材の活用が広がってきている．高強度材は強度が高いゆえに，成形時に大きな力が必要で，そのため金型にかかる成形力も大きく，金型かじり(金型劣化)の原因となっている．金型かじりに至るメカニズムを連関図で明らかにし，その連鎖をどこで断ち切るのかを明確にした事例の一部を紹介する．

### 3.3.1　進め方

本来ならPDPCを描き検討すべきであったかも知れないが，業務フロー図で推進の計画を立てた（図表3.11）．高強度材の成形なので，容易に金型かじりの問題発生が予想された．どんな原因で起こるか，かじり発生のメカニズムから発生原因を予測し，対策案を検討し，CAE，ラボなどのオフライン評価の後，量産適用評価に入ったが，想定外のメカニズムが働き，金型かじりに至る結果となった．

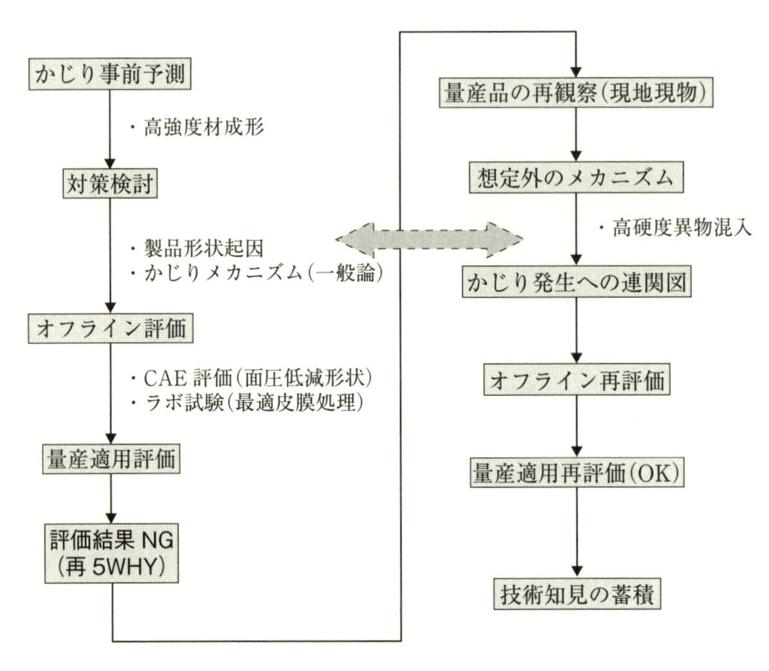


図表3.11　金型かじり対策　業務フロー図

### 3.3.2　かじり発生メカニズム

金型かじりが発生するメカニズムを明らかにするため，成形時にお互いに影響しあう，それぞれの構成要素を明らかにした(図表3.12).

構成要素を明らかにすることで，A～Eの各場所で，かじりが起こるメカニズムを考えることができる．例えば，Aの被成形材の部分でかじりが起こるケースは，被成形材が金型母材，金型皮膜に比べやわらかく，金型皮膜表面に付着し，金型クリアランスが狭くなり，成形面圧が高くなり，……といった連鎖で，かじりに至る．このようなことを，Bの被成形材料と金型皮膜の界面，Cの金型皮膜，Dの……，Eの……で起こる連鎖のメカニズムをあきらかにすることで，問題発生の因果関係全体が見えてくる(図表3.13).

このように成形時の構成項目(A～E)ごとにかじり発生のメカニズムを整理し，まとめたものが，図表3.13の連関図である.

今回の高強度材成形時の金型かじり発生メカニズムは，高硬度異物(コンタミ)の混入により，摩擦力が増え金型皮膜が磨耗し型かじりに至る場合と，金型皮膜が混入した異物より軟らかいと，金型皮膜の磨耗や金型皮膜のチッピング(微小剥離)などを起こし，金型かじりに至る場合などの連鎖がある．今回のケースだけでなく，他の原因で起こった金型かじりについても，この連関図を眺め，実際に起こっている現象を現地現物で確認することで，どこに問題の原因があるかを知ることができる．原因がわかったら，金型かじりに至る連鎖をどこで断ち切るかの対策案出しも容易になる.

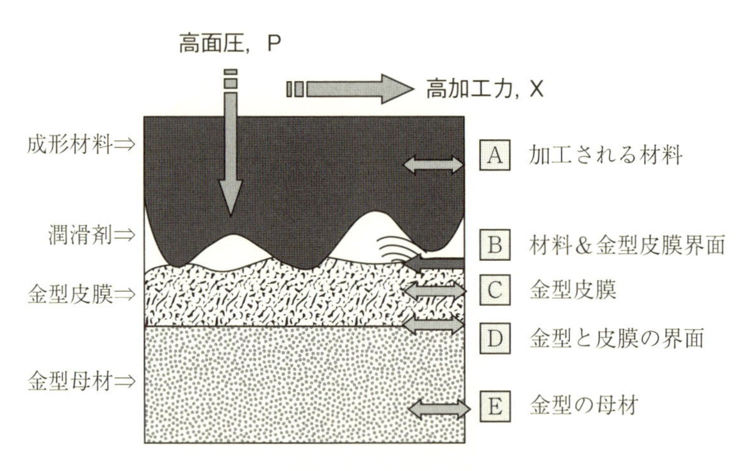


図表 3.12　金型＆材料の成形界面の構成図

### 3.3.3　金型かじり対策のまとめ

今回整理した金型かじりに至る連関図は，技術知見の蓄積として有効に活用できたし，今後新たな連鎖が発見できればこれに追加して行く．先の事例で紹介した PDPC と同様，このような形で見える化できていると，業務推進の上での教育資料として使えるし，関係者による検討用の資料としても共有しやすい．今後も，新 QC 七つ道具で「見える化」し，みんなで議論する中から気づきを得て，よりレベルの高い問題解決を推進して行きたいと考えている．

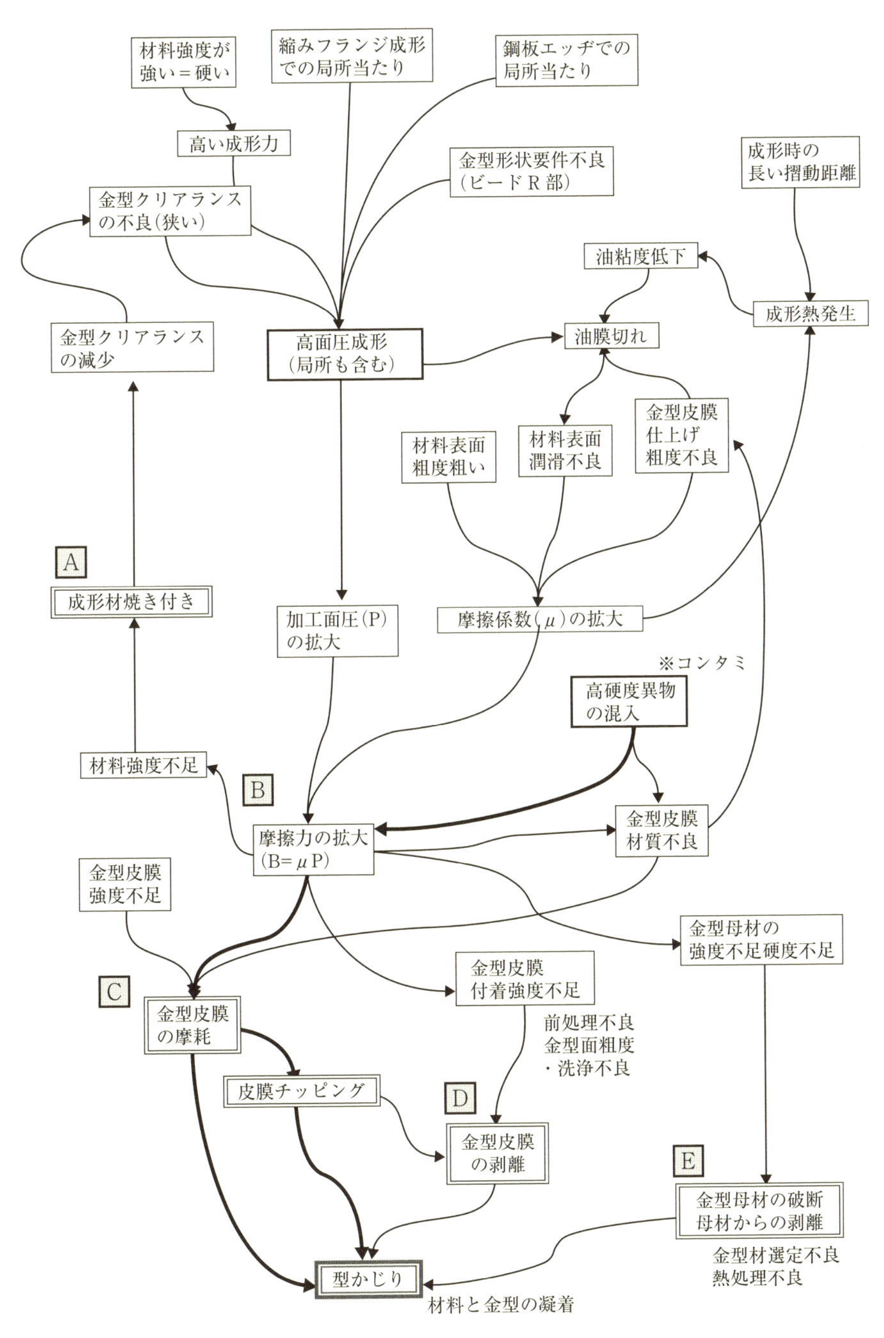


図表 3.13　金型かじりに至る連関図（一方向集約型連関図）

# 第4章

# お客様満足を得るための事故情報配信システムの構築について

## ～お客様ニーズをもとにしたシステムへの要求事項の整理～

実践事例2●関西電力㈱　系統運用部門

この事例は，関西電力㈱系統運用部門が，2007年のクオリティフォーラムで発表したものである．

台風による水害事故，送電線への飛行機落下事故など広域影響事故時に，防災機関などへ停電情報などを迅速に情報提供する必要があったが，どこで停電・瞬低影響があったのか，どのような現象が発生したのか，社内関係箇所で迅速に把握できなかったために，お客様からの問合わせに迅速に対応できない状況が発生した．

一方で，将来的な監視制御システム取替えを予定しており，そのタイミングにあわせて，お客様へ停電・瞬低情報を配信できる機能を織り込むために，品質機能展開表を用いて検討を行ったものである．

将来的にはお客様の潜在ニーズは高まっていくことが予想されるが，事故などの情報をお客様がどう活用するのか，といったシーンを想定しつつ，中長期的な視点からそれら潜在ニーズを浮き彫りにし，システム仕様を決定している．

## 4.1　関西電力におけるお客様情報配信

電力会社の電力流通部門では，お客様にお届けする電気の質を確保するために，送電線などの電力流通設備の監視／操作や電圧／周波数の調整を給電制御所などのコントロールセンターにおいて実施している．

電力系統に事故による停電や瞬時電圧低下(以下，瞬低)が発生すると，その情報を必要とするお客様への事故情報配信が必要となる．現在実施している事故情報配信について，工場などの高圧で受電しているお客様を例に説明すると以下の流れとなる(図表 4.1).

① まず，電力流通部門の監視制御システムにおいて電力系統の異常を検出する.

② その情報を事故情報として編集し，自動一斉電話などにより社内のお客様対応部門に配信する.

③ お客様対応部門では，担当するお客様に対し必要な事故情報を配信する.

しかし，これまでの事故情報配信に対する取組みは，社外関係箇所からの要望に対応する形で，監視制御システムが保有する既存データの活用を基本としてきたため，必ずしもお客様の満足を得られているとは言えない状況にある．今後,「お客様満足を得られるサービスの提供」「社会に対する説明責任」といった電力会社の社会的責任をまっとうするためには，プロダクトアウト的な発想を転換し,「お客様のニーズにもとづく」事故情報配信システムの設計・構築が必要である.

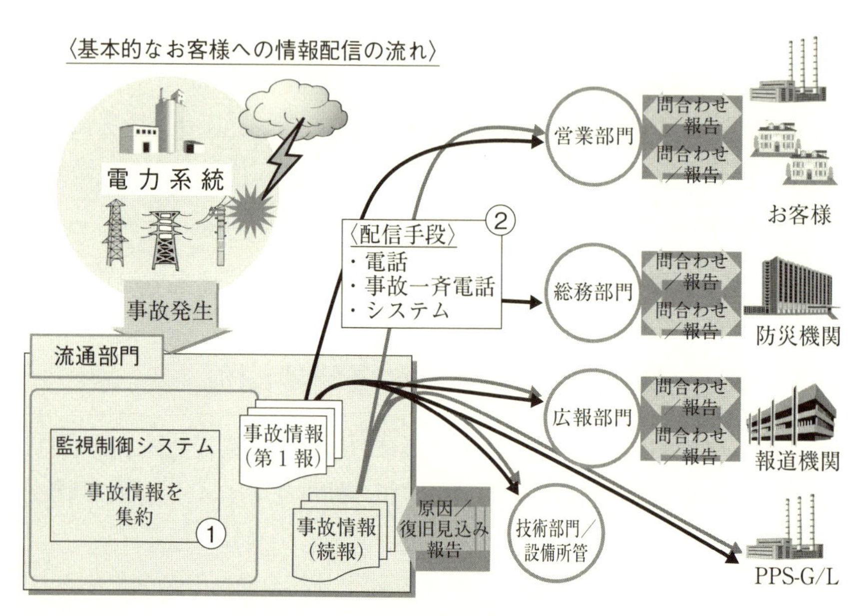


図表 4.1　お客様への事故情報配信の流れ

そこで，今回の我々の取組みでは，システム設計の前段階として，QFD 手法を活用することにより，「お客様の声から真のニーズを導き出すこと」「さまざまなニーズを確実にシステムへ展開すること」を主眼においたシステムへの要求事項を整理した．例えば，「工場などの高圧で受電しているお客様が停電時に必要としている情報」の一例として，お客様が工場を再稼動させるか否かの判断シーンを想定し「停電の再発が予想されれば，経営判断として操業を停止して従業員を帰宅させる」との詳細シーンを描き，その結果として，「雷情報などの事故再発の可能性を提供する」などといった，従来の発想ではなかなか生まれてこなかったようなニーズの発掘を実施している．

## 4.2　テーマの選定及び目標の設定

具体的なミッションとして，以下の 3 点を抽出した．

(a)　求められる事故情報ニーズの把握

(b)　満たすべきサービスレベルの設定

(c)　設備形成と運用への展開

次に取組み姿勢を，「お客様の視点に立つ」ことを原則として，テーマを「お客様満足を得るための事故情報配信システムの構築について」とし，サブテーマとして「お客様ニーズをもとにしたシステムへの要求事項の整理」と掲げ，「お客様満足度を向上させる」ことをテーマ目標として取り組むこととした．取組みの流れは，まずお客様を定義し，取組みの方向性を明確にすることから始めた．また，ニーズ収集では，実際にお客様と直接対応されている方の「生の声」を大事にし，お客様の求める情報配信スピード及び精度などをポイントとして，お客様別・支店別に 16 カ所のお客様対応箇所へのニーズ調査を実施した．

## 4.3　現状把握

### 4.3.1　お客様の定義

お客様の視点に立って進めることを目的に，本テーマで対象とする「お客様」を定義した(図表 4.2).

具体的には「電気に異常があった場合に企業活動や生活に支障をきたすため情報を必要としている方」及び「ライフラインである電気に異常があった場合にその情報を広く知らしめる必要があり情報を必要としている方」をお客様とし，「特高／高圧／一般／ PPS」のお客様，及び「報道機関／防災機関」を「お客様」と定義した

### 4.3.2　現状の情報の流れ

現状の情報の流れは以下のとおりとなる.

電力系統に事故が発生すると，支店給電制御所に情報が集まり，給電制御所はその情報をもとに系統の復旧操作を実施している．収集した情報の中から，必要な情報が「一斉電話」という装置から自動的に社内各所へ事故情報として配信される．これが，基本的な情報の流れである(図表 4.3).

支店ごとの特徴として，A 支店では，社内と特高のお客様へ手動で事故情報をメール配信している．また，B 支店では，一部の特高のお客様に手動で事故情報をファックスで配信している．このように支店間でも事故情報配信方法に若干の違いがあることがわかった.

### 4.3.3　活用手法決定

これまでの現状把握をもとに，活用手法を検討した結果，下記3点の条件をクリアする必要があり，製品開発によく使われる QFD 手法(品質機能展開)を活用して問題解決にあたることとした.

(a)　お客様の声から「真のニーズ」を導き出す.

(b)　「膨大なニーズ」を確実に設備へ展開する.

(c)　要求の変化に追従できる.

QFD の活用にあたっては，「原始データ」から「さまざまなシーン」を

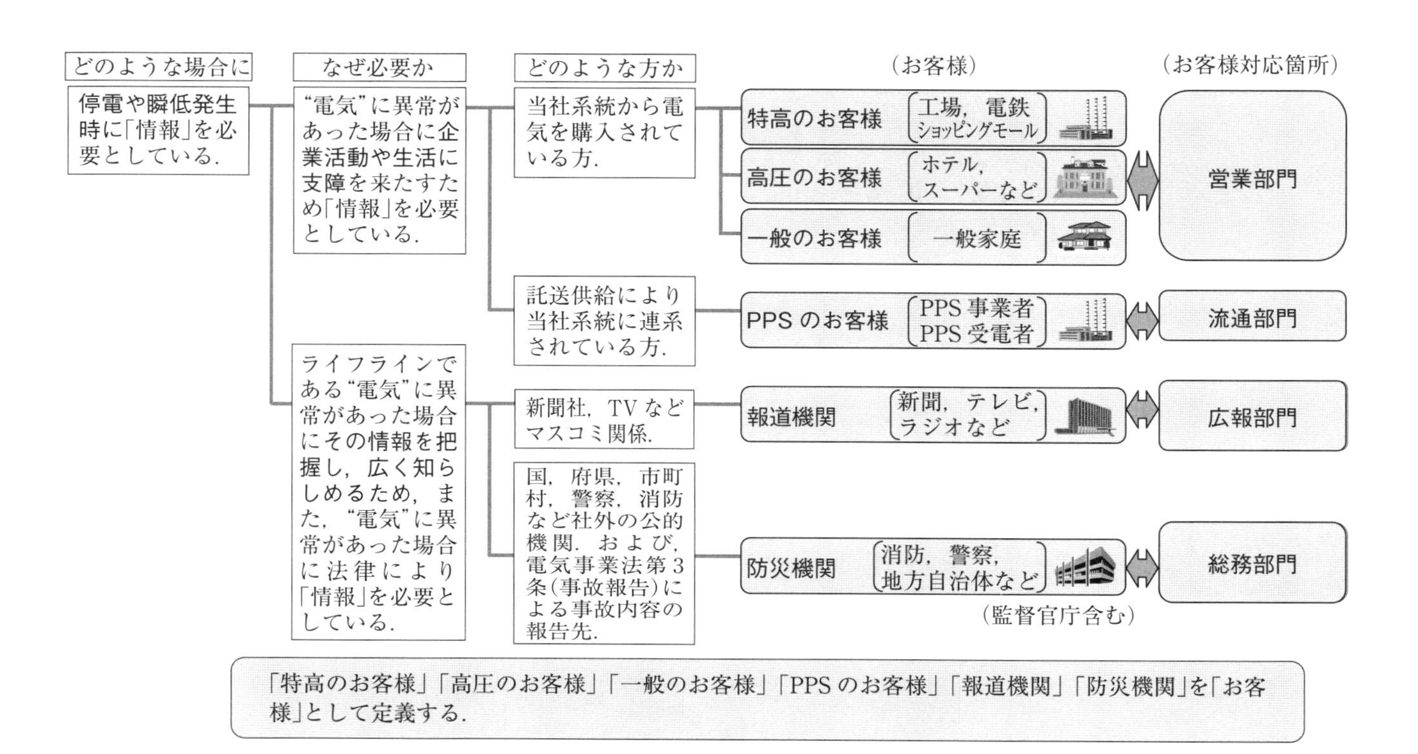
どのような場合に
停電や瞬低発生時に「情報」を必要としている.
なぜ必要か
“電気”に異常があった場合に企業活動や生活に支障を来たすため「情報」を必要としている.
ライフラインである“電気”に異常があった場合にその情報を把握し，広く知らしめるため，また，“電気”に異常があった場合に法律により「情報」を必要としている.
どのような方か
当社系統から電気を購入されている方.
託送供給により当社系統に連系されている方.
新聞社，TVなどマスコミ関係.
国，府県，市町村，警察，消防など社外の公的機関．および，電気事業法第3条(事故報告)による事故内容の報告先.
(お客様)
特高のお客様
工場，電鉄
ショッピングモール
高圧のお客様
ホテル，
スーパーなど
一般のお客様
一般家庭
PPSのお客様
PPS事業者
PPS受電者
報道機関
新聞，テレビ，
ラジオなど
防災機関
消防，警察，
地方自治体など
(監督官庁含む)
(お客様対応箇所)
営業部門
流通部門
広報部門
総務部門
「特高のお客様」「高圧のお客様」「一般のお客様」「PPSのお客様」「報道機関」「防災機関」を「お客様」として定義する.

図表 4.2　お客様の定義

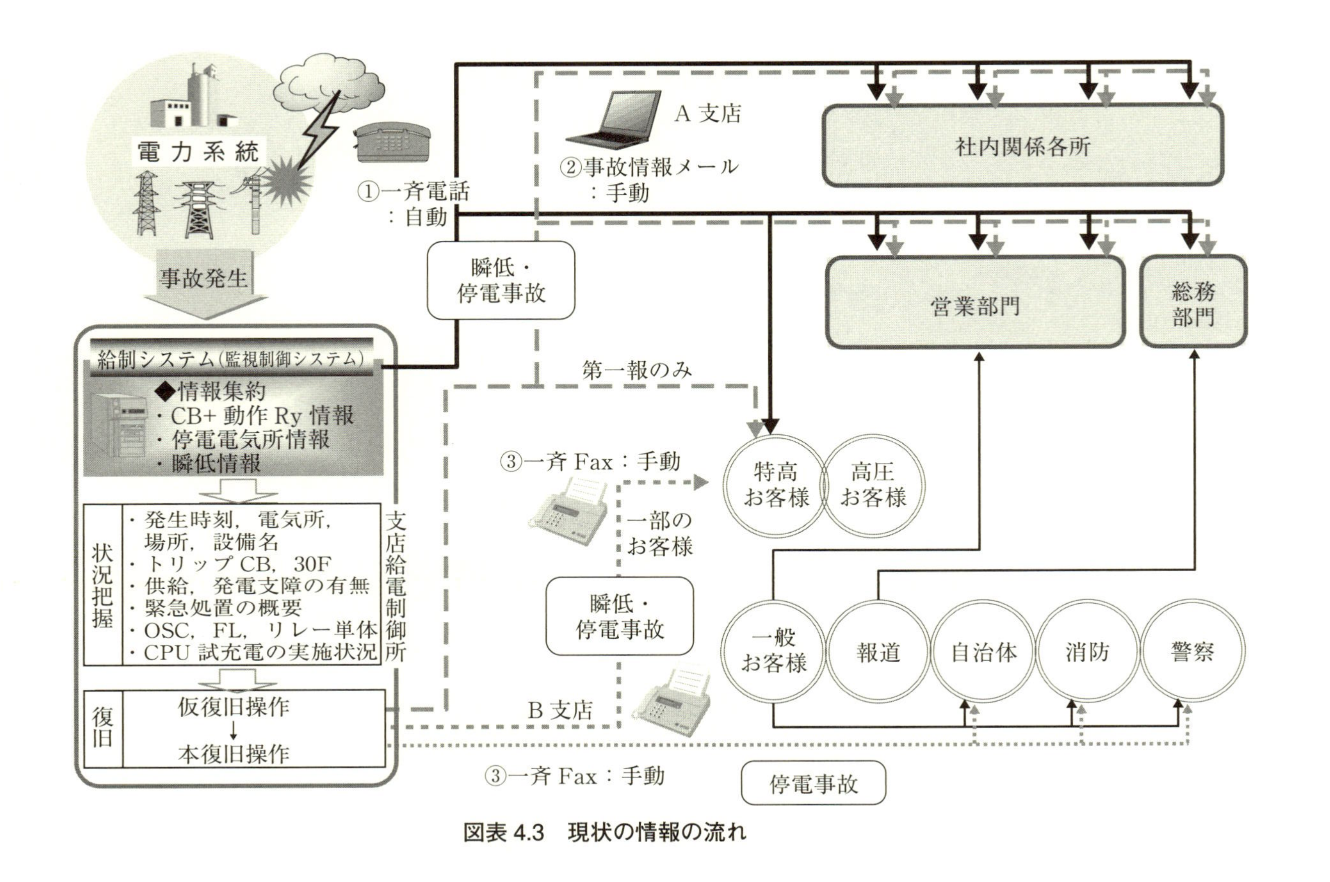


図表4.3　現状の情報の流れ

想定し「要求品質」をわかりやすく抽出することに特に力を入れた．また，設計側へ伝えやすくするため抽出した「設計品質」をグルーピングする改良を加え，取り組んだ．

以下，ここでは，工場などの高圧で受電しているお客様(以下，特高のお客様)を例に，QFD の流れに沿って説明を進める．

### 4.3.4 原始データの収集

特高のお客様対応窓口から収集した「原始データ(ここではお客様及び対応箇所の生の声)」の集約結果の一例を以下に示す．

(a) 休日，夜間の対応でお叱りを受ける．

(b) 5 ～ 10 分後にはお客様に第一報を配信する必要がある．

(c) 事故発生箇所が当社側なのか，お客様側なのかが知りたい．

(d) 現状の配信レベルは維持してもらいたい．

## 4.4 要求品質の抽出

原始データから要求品質への変換は，お客様種別ごとに「事故シーン」と「詳細シーン」を想定し，要求項目，要求品質を抽出した．例えば，「停電／瞬低の原因がお客様側か関電側かを早く知りたい」というお客様の声から瞬低発生時，お客様がどのような対応をされているかとシーンを想定する．お客様は「工場稼動中に電圧ショックを感じた場合，工場内の電気設備及び製造ラインに異常があったのではないかと思い，工場内を巡視する」というシーンを思い描き，要求項目としては，「自所か電力系統の異常か知りたい」を抽出し，「関電側の事故はすぐに配信する」という要求品質を導き出した．今回の活動では，お客様の立場に立つ意味からもこのシーン想定を大切にした(図表 4.4)．

## 4.5 品質要素の抽出

品質要素展開表の作成については，「要求品質」の満足度を評価する尺

お客様の声

「お客様の声」が，どんな状況（シーン）で言われるのかを想定

| | 原始データ | 事故シーン | 詳細シーン | 要求項目 | 要求品質 |
|---|---|---|---|---|---|
| 一般 | 系統側（関電側）が問題なのか，自分のところが問題なのかを知りたい． | 停電（1分） | 問合せをしたが，対応する人が，事故の事実すら知らない． | 聞いた時に，電気の供給に関することは全て知っておいてほしい． | 対応箇所に事故情報を早く知らせる． |
| | | | | | 事故情報を把握しておく． |
| | 事故情報を早期に情報開示してほしい． | 停電（10分以上） | ・停電で電話が使えない．<br>・携帯で電話したが，輻輳してつながらない． | HP に情報開示してほしい． | HP に情報公開する． |

| | 原始データ | 事故シーン | 詳細シーン | 要求項目 | 要求品質 |
|---|---|---|---|---|---|
| 特高 | 瞬低・停電の原因がお客様側か関電側かを早く知りたい． | 瞬低（単発） | 工場稼動中に電圧ショックがあった．工場内の巡視に行く． | 自所か電力系統の異常か知りたい． | 関電側の事故はすぐに配信する． |
| | | | | 設備の点検をしたい． | 瞬低情報を早く配信する． |
| | 不要な対応はしたくない． | | 工場の稼動に影響のない情報が配信されてきた． | 影響がある情報だけほしい． | 瞬低の低下率（近傍）・継続時間・相を配信する． |

**図表 4.4　要求品質の抽出（例）**

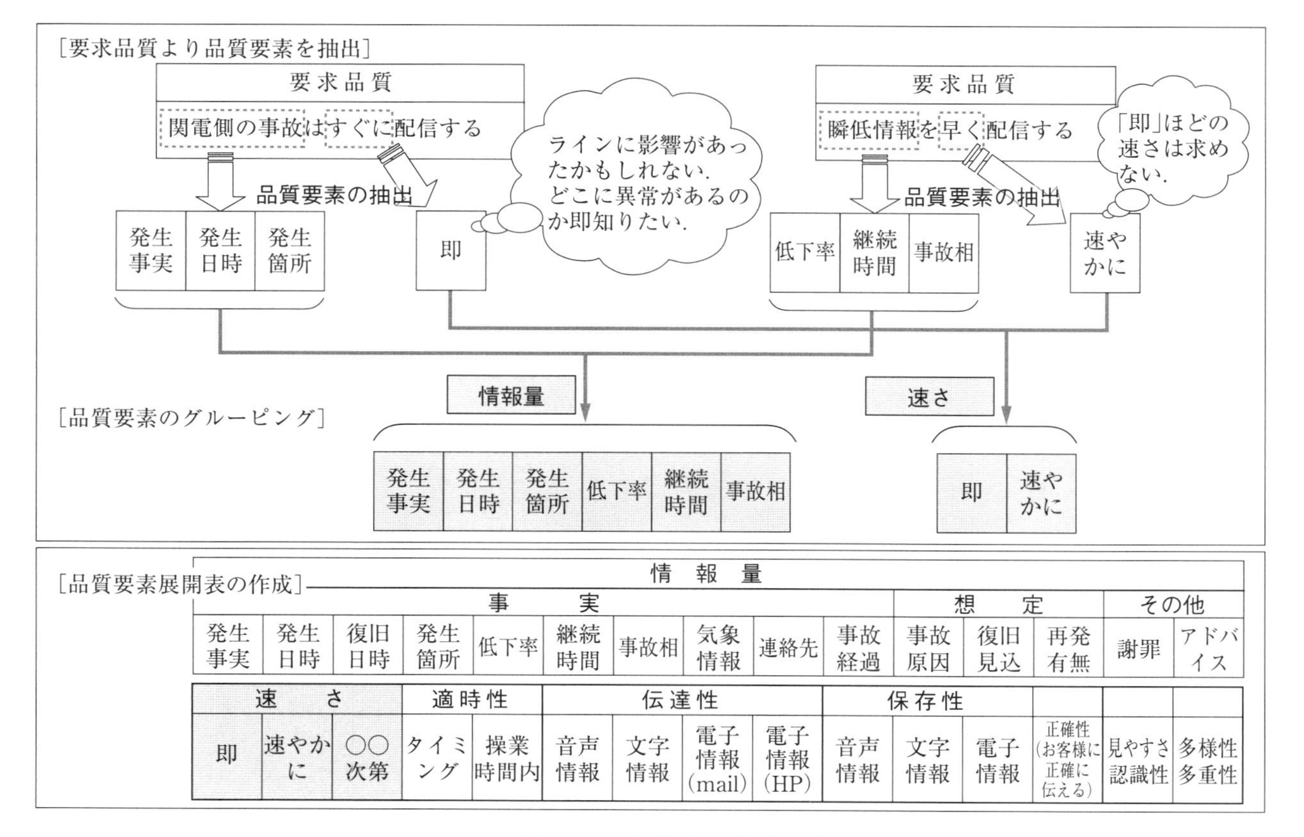


図表 4.5 品質要素の抽出(例)

度として，「品質要素」を抽出しグルーピングした(図表4.5).

例えば，「関電側の事故はすぐに配信する」「瞬低情報を早く配信する」との要求品質の「関電側の事故」から，「発生事実／発生日時／発生箇所」を，「瞬低情報」から「低下率／継続時間／事故相」を情報量の品質要素として導き出した．また，「すぐに」から「即」を出し，「早く」からは即ほどは求められないと考え「速やかに」という速さの品質要素を導き出した．そのほかの要求品質からも同様に抽出し，品質要素展開表を作成した．

## 4.6　品質企画の設定

品質企画の設定については，要求品質の企画品質，セールスポイントなどを設定し，要求品質ウェイトを設定した(図表4.6)．この要求品質ウェイトは，重要度などを考慮した各要求品質の全体に占める割合を示すものである．

## 4.7　設計品質の設定

要求品質との対応関係が強い「品質要素」に対して，「設計品質」を設定した(図表4.7).

例えば，「関電側の事故はすぐに配信する」という要求品質との対応関係が強い品質要素である「即」を抽出する．そして，比較分析を考慮し，「設計品質」として「1分程度」を導き出した．これは，「関電側の事故はすぐに配信する」という要求品質を満足させるために，1分程度の配信が必要と考えた．

## 4.8　目標の設定「具体的な数値目標の設定」

QFDの流れに沿って，すべての要求品質に対応した品質企画と設計品質を設定したが，ここで，具体的な数値目標を「お客様満足率の100%達

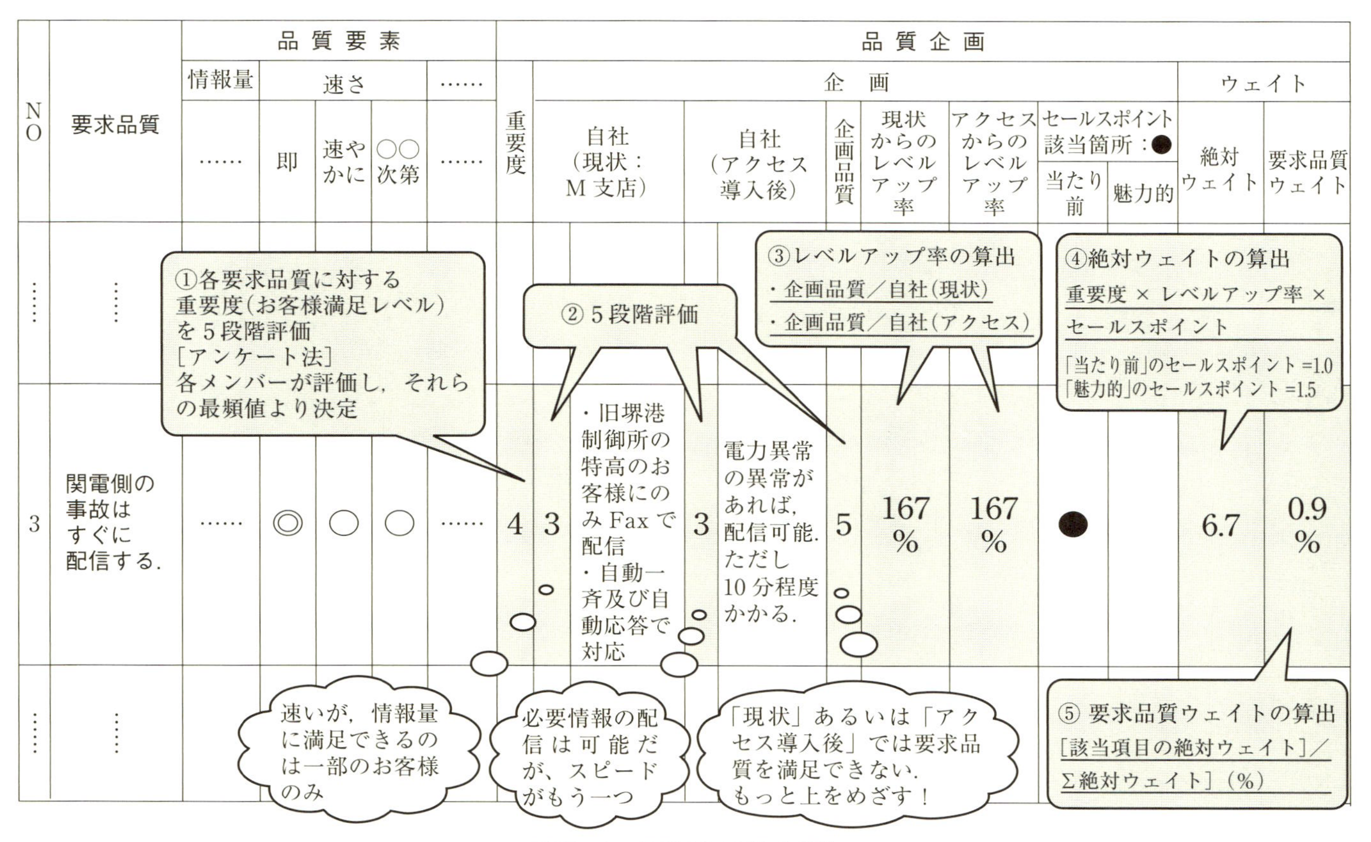

| NO | 要求品質 | 品質要素 | | | | | 品質企画 | | | | | | | | | | | | |
|---|---|---|---|---|---|---|---|---|---|---|---|---|---|---|---|---|---|---|---|
| | | 情報量 | 速さ | | | …… | 重要度 | 企画 | | | | | | | | | | ウェイト | |
| | | …… | 即 | 速やかに | ○○次第 | …… | | 自社（現状：M支店） | | 自社（アクセス導入後） | | 企画品質 | 現状からのレベルアップ率 | アクセスからのレベルアップ率 | セールスポイント該当箇所：● 当たり前 | セールスポイント該当箇所：● 魅力的 | | 絶対ウェイト | 要求品質ウェイト |
| …… | …… | | | | | | | | | | | | | | | | | | |
| 3 | 関電側の事故はすぐに配信する. | …… | ◎ | ○ | ○ | …… | 4 | 3 | ・旧堺港制御所の特高のお客様にのみFaxで配信<br>・自動一斉及び自動応答で対応 | 3 | 電力異常の異常があれば，配信可能．ただし10分程度かかる． | 5 | 167% | 167% | ● | | | 6.7 | 0.9% |
| …… | …… | | | | | | | | | | | | | | | | | | |



図表 4.6　品質企画の設定(例)

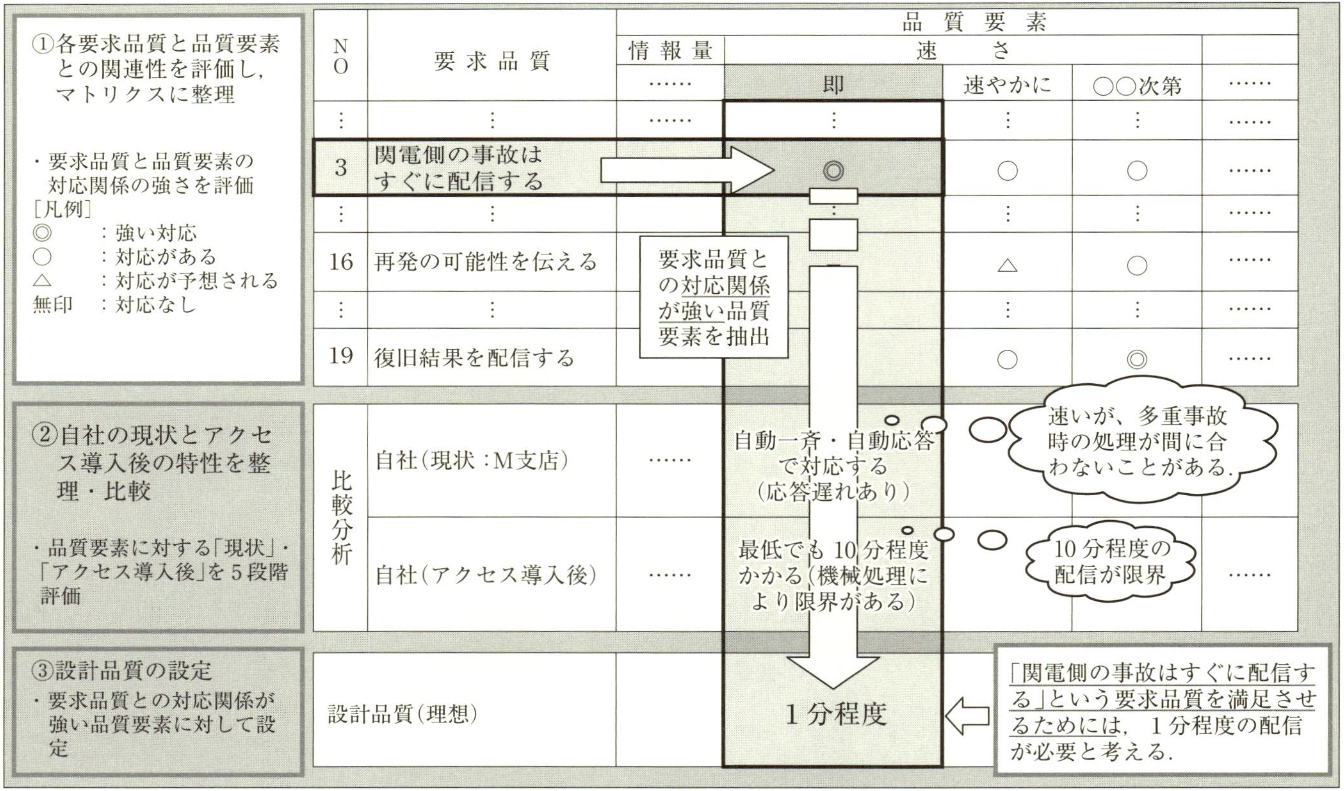

①各要求品質と品質要素との関連性を評価し，マトリクスに整理

・要求品質と品質要素の対応関係の強さを評価

［凡例］
◎　：強い対応
○　：対応がある
△　：対応が予想される
無印　：対応なし

| NO | 要求品質 | 品質要素 | | | | |
|---|---|---|---|---|---|---|
| | | 情報量 | 速さ | | | |
| | | …… | 即 | 速やかに | ○○次第 | …… |
| ： | ： | …… | ： | ： | ： | …… |
| 3 | 関電側の事故はすぐに配信する | | ◎ | ○ | ○ | …… |
| ： | ： | | ： | ： | ： | …… |
| 16 | 再発の可能性を伝える | | | △ | ○ | …… |
| ： | ： | | | ： | ： | …… |
| 19 | 復旧結果を配信する | | | ○ | ◎ | …… |

要求品質との対応関係が強い品質要素を抽出

②自社の現状とアクセス導入後の特性を整理・比較

・品質要素に対する「現状」・「アクセス導入後」を５段階評価

| 比較分析 | | 情報量 | 即 | | | |
|---|---|---|---|---|---|---|
| | 自社（現状：Ｍ支店） | …… | 自動一斉・自動応答で対応する（応答遅れあり） | | | |
| | 自社（アクセス導入後） | …… | 最低でも10分程度かかる（機械処理により限界がある） | | | …… |

速いが、多重事故時の処理が間に合わないことがある.

10分程度の配信が限界

③設計品質の設定

・要求品質との対応関係が強い品質要素に対して設定

| | 情報量 | 即 |
|---|---|---|
| 設計品質（理想） | | 1分程度 |

「関電側の事故はすぐに配信する」という要求品質を満足させるためには，１分程度の配信が必要と考える.

図表 4.7　設計品質の設定（例）

成」と設定した．これはすべての要求品質を満足することで，お客様の満足率は100％になることと，システムへの要求事項を整理する段階でお客様の声を漏らすことなく進めることを目的とした．

## 4.9　対策の立案「設計品質の展開」

対策の立案の過程で，これまでに設定した個々の設計品質を個別に見るだけでは要求品質からの関連が不明瞭で，具体的な対策が見えなかった．

そこで，要求品質をシステムへの要求に合わせてグルーピングし，そのグルーピングした要求品質に対応の強い設計品質をグルーピングした(図表4.8)．これにより，バラバラであった個々の設計品質を，「事故発生後，発生した事実を1分程度で配信する」「瞬低事故の詳細情報を10分程度で配信する」といったグルーピングした設計品質を導き出すことができた．

## 4.10　BNE の抽出

ここでは技術所管箇所の協力を得てグルーピングした設計品質のボトルネックエンジニアリング(以下，BNE)を抽出した(図表4.9)．BNE とは，技術的，政策的に実施が困難となるものをいう．「グルーピングした設計品質」に BNE がなければそのままシステムへの要求事項へ展開し，BNE が抽出された場合は，システムへの要求事項を整理するにあたり，実施時期やお客様への満足度を評価した．

BNE の抽出例としては，「事故発生後に事故発生の事実を1分程度で配信する」という，グルーピングした設計品質に対して，「1分程度」が BNE として抽出された．また，この BNE への対応としては，情報配信の「速さ」を，「1分程度」「2分程度」「5分程度」「10分程度(現状)」について実施評価し，実施時期を確認した．また，お客様のニーズから導き出した，設計品質の「1分程度」が満足できなくなることから，ニーズを含め事実確認を実施し，特高のお客様からの問合せは2～3分が最短であること，直接特高のお客様へヒアリングし，確実に情報が届くことを前提とす

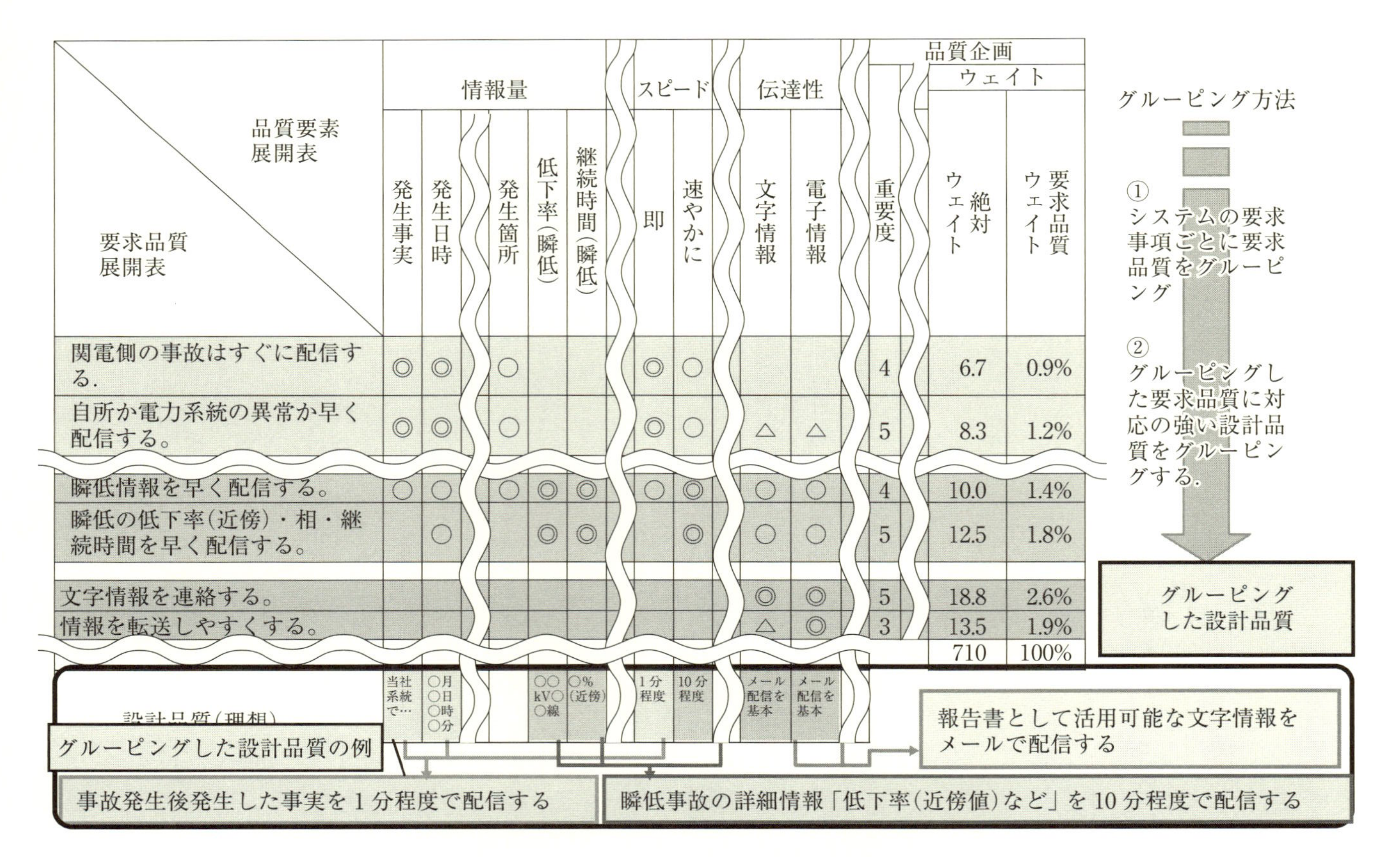


| 要求品質展開表 ＼ 品質要素展開表 | 情報量 | | | | | スピード | | 伝達性 | | 重要度 | 品質企画 ウェイト | |
|---|---|---|---|---|---|---|---|---|---|---|---|---|
| | 発生事実 | 発生日時 | 発生箇所 | 低下率（瞬低） | 継続時間（瞬低） | 即 | 速やかに | 文字情報 | 電子情報 | | 絶対ウェイト | 要求品質ウェイト |
| 関電側の事故はすぐに配信する. | ◎ | ◎ | ○ | | | ◎ | ○ | | | 4 | 6.7 | 0.9% |
| 自所か電力系統の異常か早く配信する。 | ◎ | ◎ | ○ | | | ◎ | ○ | △ | △ | 5 | 8.3 | 1.2% |
| 瞬低情報を早く配信する。 | ○ | ○ | ○ | ◎ | ◎ | ○ | ◎ | ○ | ○ | 4 | 10.0 | 1.4% |
| 瞬低の低下率（近傍）・相・継続時間を早く配信する。 | | ○ | | ◎ | ◎ | | ◎ | ○ | ○ | 5 | 12.5 | 1.8% |
| 文字情報を連絡する。 | | | | | | | | ◎ | ◎ | 5 | 18.8 | 2.6% |
| 情報を転送しやすくする。 | | | | | | | | △ | ◎ | 3 | 13.5 | 1.9% |
| | | | | | | | | | | | 710 | 100% |
| 設計品質（理想） | 当社系統で… | ○月○日○時○分 | | ○○kV○○線 | ○%（近傍） | 1分程度 | 10分程度 | メール配信を基本 | メール配信を基本 | | | |

図表 4.8　グルーピングした設計品質の展開（例）

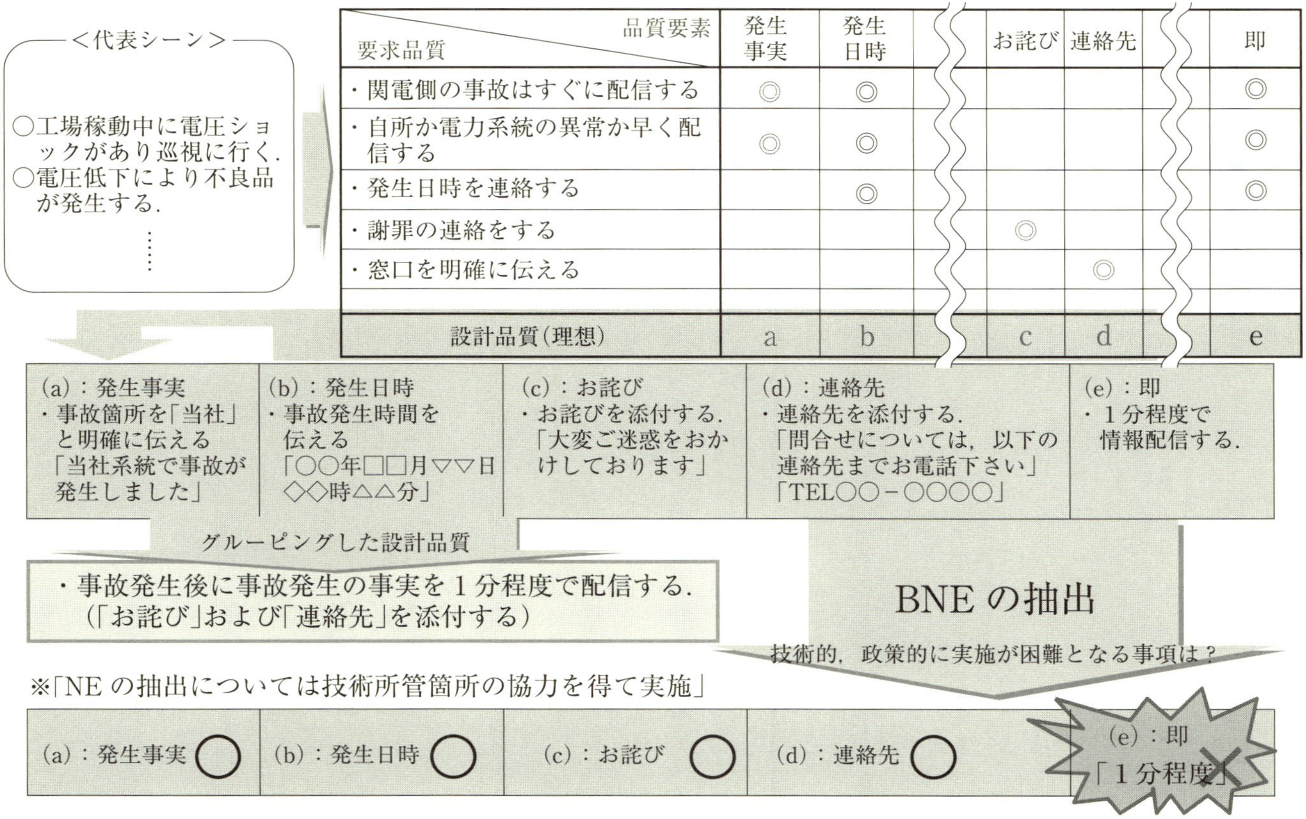

＜代表シーン＞

○工場稼動中に電圧ショックがあり巡視に行く.
○電圧低下により不良品が発生する.
……

| 要求品質 ＼ 品質要素 | 発生事実 | 発生日時 | | お詫び | 連絡先 | | 即 |
|---|---|---|---|---|---|---|---|
| ・関電側の事故はすぐに配信する | ◎ | ◎ | | | | | ◎ |
| ・自所か電力系統の異常か早く配信する | ◎ | ◎ | | | | | ◎ |
| ・発生日時を連絡する | | ◎ | | | | | ◎ |
| ・謝罪の連絡をする | | | | ◎ | | | |
| ・窓口を明確に伝える | | | | | ◎ | | |
| | | | | | | | |
| 設計品質（理想） | a | b | | c | d | | e |

(a)：発生事実
・事故箇所を「当社」と明確に伝える
「当社系統で事故が発生しました」

(b)：発生日時
・事故発生時間を伝える
「○○年□□月▽▽日◇◇時△△分」

(c)：お詫び
・お詫びを添付する.
「大変ご迷惑をおかけしております」

(d)：連絡先
・連絡先を添付する.
「問合せについては，以下の連絡先までお電話下さい」
「TEL○○－○○○○」

(e)：即
・１分程度で情報配信する.

グルーピングした設計品質

・事故発生後に事故発生の事実を１分程度で配信する.
（「お詫び」および「連絡先」を添付する）

BNE の抽出

技術的，政策的に実施が困難となる事項は？

※「NE の抽出については技術所管箇所の協力を得て実施」

(a)：発生事実 ○　(b)：発生日時 ○　(c)：お詫び ○　(d)：連絡先 ○　(e)：即「１分程度」×

図表 4.9　BNE の抽出（例）

ると「5分でも役に立つ」との意見を得たことから，至近年では，5分を達成させ，将来的には2分とした．

## 4.11　システムへの要求事項の整理

これまでのQFDの展開とBNEへの対応を含め，「グルーピングした設計品質」より「システムへの要求事項」を全体として，56件整理した．特高の例(図表4.10)では，事故時のメール配信を至近年で事実を5分程度で配信，将来的には事実を2分程度で配信する．また，瞬低の誤報の対応として，至近年で操作票作成機能から瞬低件名作成をロックさせることとし，将来的には瞬低検出装置の取替えで対応する，といったものを整理した．

また，具体的なシステムイメージの例を以下に示す(図表4.11)．

①　配信スピードは概ね2～5分の「タイムリー」な情報配信．

②　お客様の希望する時間帯，タイミング，配信先及び情報項目を選択していただく，「カフェテリア方式」による配信．

③　お客様が社内での報告書として活用できるような「レポート」配信．

④　過去の事故履歴など詳しい情報をお客様の望むタイミングで確認できる「データベース」配信．

## 4.12　効果確認

効果の確認として，事前にニーズ収集を実施した箇所に対して，対策案の説明会及び意見聴取を実施した結果，特高のお客様対応箇所からの例では，「連絡遅れなどでお客様よりお叱りを受けたこともあり，本案は非常に期待する」との意見を得た．

現時点では「システムへの要求事項の整理」までで，実設備に対策反映することができないことから，シミュレーションにより効果確認した結果，特高のお客様では，「営業時間の内外とも大幅に時間短縮して配信可

お客様ニーズ
◆スピード ■精度 ●その他

特高(お客様)：(13件)

| グルーピングした設計品質 | システムへの要求事項 | 実施時期 至近 | 実施時期 将来 |
|---|---|---|---|
| 事故発生後，発生事実を1分程度で配信. | ◆当社系統での事故発生事実を配信. | ○ | |
| | ◆お詫び，連絡先を含めた事故発生事実情報を5分程度で配信. | ○ | |
| | ◆お詫び，連絡先を含めた事故発生事実情報を2分程度で配信. | | ○ |
| 瞬低事故の詳細情報「低下率(近傍値)等」を10分程度で配信. | ◆系統単位で紐付けし，瞬低の近傍値を10分以内で配信する. | ○ | |
| 多重事故を検出して10分程度でその旨を伝える.<br>多重事故の集約情報を伝える. | ●アクセスにてお客様ごとの送信ボックスを設置し，お客様ごとに多重事故を検出する.<br>◆10分程度で多重事故検出結果を配信.<br>◆多重事故が収まり次第，集約情報を配信. | ○ | |
| 気象情報や瞬低の再発の有無を伝える. | ●運用者で発雷を設定することによりアクセスに発雷中を送信し，事故情報に記載する.<br>●LLS情報をHPに貼り付ける. | ○ | |
| | ●LLS情報をカウントして「発雷」を検出し，アクセスに送信し，事故情報に記載する. | ○ | |

特高(対応箇所)：(7件)

| グルーピングした設計品質 | システムへの要求事項 | 実施時期 至近 | 実施時期 将来 |
|---|---|---|---|
| 情報を自動編集し，送達確認を有するメールを自動配信する. | ■メール配信を基本として，送達確認機能を有する.<br>■開封確認機能を有する.<br>■送達，開封の一覧画面. | ○ | |
| 自動編集により人間系と同等程度の精度を有する. | ■操作表作成機能により，無負荷母線停止時の瞬低件名作成をロックする. | ○ | |
| | ■瞬低検出装置の取替え. | | ○ |
| 情報配信システムをアクセスに一本化する. | ◆事故情報の自動編集，配信，手動入力，閲覧機能を有する.<br>■メール配信ログ編集機能を有する.<br>●お客様からのアクセス機能を有する.<br>●社内での情報共有ツールとしても活用する. | ○ | |
| 停電，瞬低のお客様名を対応箇所に自動配信する. | ●お客様に送付したメールと同じものを配信する.<br>◆事故件名ごとの配信リストを編集し，お客様担当に配信する. | ○ | |
| 事故情報配信に関するルールを明確にする. | ●情報配信におけるあるべき姿を方針化する.<br>●設備対策とともに方針にそってルール整備する. | ○ | |

図表 4.10　システムへの要求事項(特高の例)

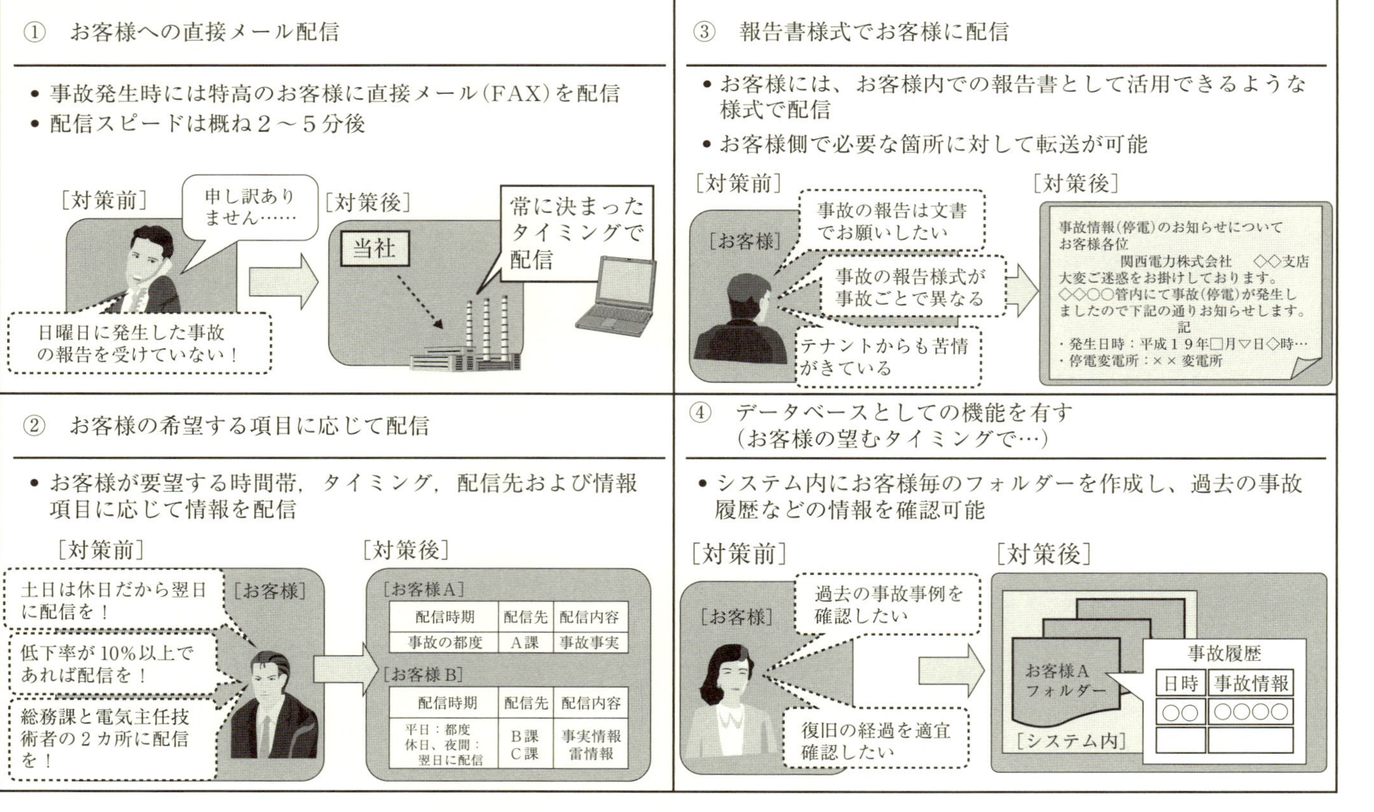


図表 4.11　システムの改善イメージ(特高の例)

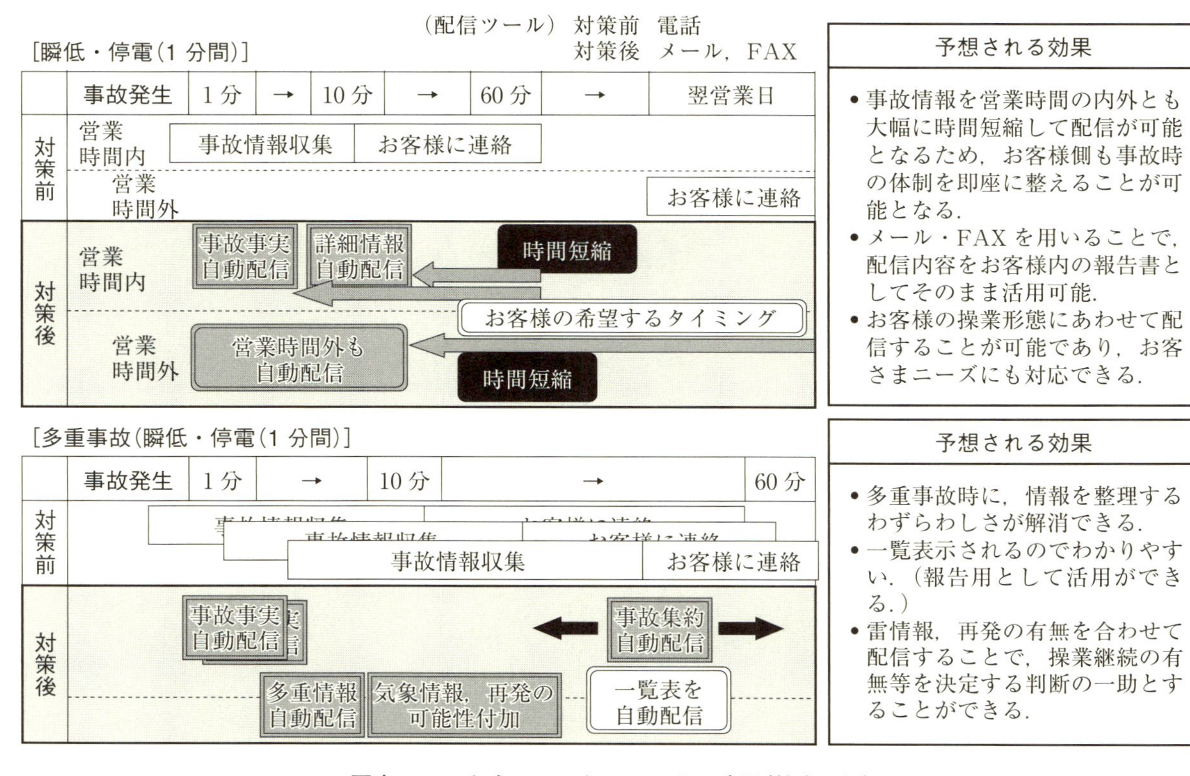


図表 4.12 シミュレーションによる確認(特高の例)

能となり，お客様側も事故時の体制を即座に整えることが可能」「雷などの気象情報，雷撃事故再発の可能性を付加することで，操業継続の有無などを決定する判断の一助とできる」などを確認した(図表4.12).

また，予想効果から数値目標のお客様満足率の達成度合として，以下の数値を確認した

## 4.13　歯止め，今後の課題

歯止め，今後の課題として，今回の取組み内容を確実に設備に反映するための手段として以下の2点が必要となる.

(A)　情報配信におけるあるべき姿の方針化

(B)　至近年・中長期の改修計画の策定

具体的なスケジュールとしては，今回の取組みにより，方向性は決定したため，今後は仕様検討，実施設計を経て，平成21年から順次部分的に運用を開始し，平成23年には本格的に運用を開始する．将来的には，「情報配信機能」を統合した監視制御システムへ発展したいと考えている.

今回の取組みでは，ニーズから「さまざまなシーン」を想定し，納得性のある真のお客様ニーズを導き出すことが大変であった．また，QFD手法を勉強しながら進めたこともあり，QFD作成には多大な時間を要した．しかし，各メンバーがお客様の視点に立って検討を進めた結果，真のお客様ニーズに沿った「システム要求」が整理できたと考えている.

# 第5章

# グローバル会計システム構築による マネジメントシステムの革新

実践事例3●サンデン㈱　生産本部　IT管理部

## 5.1　サンデン㈱の業務紹介

この活動は，サンデン㈱の経理本部とIT管理部が協業で進めたグローバルマネジメント体質変革の事例である．経理本部は，東京本社の管理系本部に属し，管理会計，財務会計，資金管理の機能を有し，全社の経理部門を統括している．IT管理部は，群馬本社の生産本部に属し，グローバルITガバナンスと全社IT戦略の立案・推進とあわせて実行部隊である情報子会社サンデンシステムエンジニアリング㈱(以下，SSE)の統制管理を行っている．

当社は，カーエアコンとコンプレッサを主とした自動車機器事業と，自動販売機や店舗システムを主とした流通システム事業の二本柱でビジネス展開を行っている．グローバル進出が早く，現在23カ国，54拠点へ展開しており，海外売上が6割強を占めている．海外展開において現地の独自性を活かす方針の中，業務プロセス・情報システムともに現地調達され標準化されることなく拡大してきた．

## 5.2　活動の背景(テーマ選定の背景)

今後さらなるグローバルへのビジネス拡大をふまえると，グルーバル経営管理の強化が課題となっている．日本をグローバル経営の中核として機能させるためにグローバルの経営管理情報の把握を通して，課題を早期発見・解決していくマネジメントの仕組み構築が急務である．

| | | 全社 | 地域別 | 各社別 | 部門別 | 事業別 | SBU別 | 機種別 | 顧客別 |
|---|---|---|---|---|---|---|---|---|---|
| 横串 | 売上高 | ○ | ○ | ○ | ○ | △ | △ | △ | △ |
| | 売上原価 | ○ | ○ | ○ | ○ | △ | △ | △ | × |
| | (製造原価) | ○ | − | ○ | ○ | × | × | × | × |
| | (コストダウン) | △ | − | △ | △ | △ | × | × | − |
| | 生産性 | △ | − | △ | △ | × | × | × | − |
| | 労務費 | ○ | △ | △ | △ | △ | × | × | − |
| | 経費 | ○ | △ | △ | △ | △ | × | × | − |
| | 税引前利益 | ○ | ○ | ○ | ○ | △ | × | × | − |
| | 売上債権 | ○ | ○ | ○ | ○ | × | × | − | △ |
| | 棚卸資産 | ○ | △ | △ | △ | × | × | × | △ |
| | 借入金 | ○ | ○ | ○ | ○ | − | − | − | − |
| | 人員 | △ | △ | △ | △ | × | × | × | − |

［判断基準］
○: 定期的に把握可能　△: 把握に時間がかかる　×：把握できない

図表5.1　2009年現状：グローバル経営管理情報の見える化

しかし，現状はマネジメントのために提供できる経営管理情報は限られており，提供に時間がかかるなどマネジメントの要望に応えられていない(図表5.1)．例えば，損益・原価に関わる情報は国内事業・海外現法・個社単位のみで，サプライチェーン上のグローバル採算は，パソコンによるマニュアル作業を中心に時間をかけて作成，提供している状況であった．早急に「個別最適」の視点から「全体最適」へ経営管理情報の質の向上とスピード向上を図り，的確な経営判断を支える情報提供ができるようにしなければならない．

## 5.3　現状把握（悪さ加減・ありたい姿とのGAP）

グローバルで情報が把握できない要因として，各拠点の会計システムが現地主導でバラバラな環境で使われていることがあげられる．会計システムは全社で23種類，勘定科目は各社で付番され，桁数はイギリスの4桁から北米の15桁までさまざまであり，勘定科目数は少ないところで300種類程度，多いところでは3,200種類とバラバラである．グローバルでのシステムやデータ連携はなく，連結決算のための提出資料は各社の経理担当者が60ページ以上の大量Excelシートを作成し，それを経理本部がハンドで回収・集計している．

現在，期末日から決算発表までに要している日数は43日であり，うち28日が集計・加工・内部取引消去などのハンド作業であった(図表5.2)．決算業務だけで多大なハンド作業が発生しており，本来やるべき分析・問題抽出に工数を費やせない状態であった．

一方，各社バラバラに導入している会計システムを，更新時期を考慮して順次置き換えていく方法では，定期的に大型投資が必要と予想された(図表5.3)．特に，本社の会計システムは更新時期が迫っており，連単財務・連単管理・IFRS(International Financial Reporting Standards)の要件を満たすには，全面刷新となり，従来どおりの自社資産として情報システムを構築した場合，投資償却費増により，全社ITコストが大幅に上がってしまう懸念があった．IFRSとは　国際会計基準審議会(IASB)によって設定された会計基準の総称である．

2008年のリーマンショックの後，全社ITコストを20%削減し，その絞られた体質=総額を守っていくには，グローバルIT再編のためのフレームワーク策定し会計システムを「グローバルで集約するシステム」に

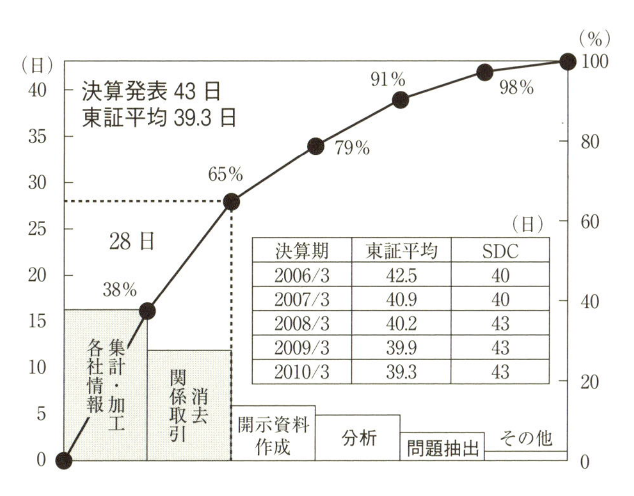


| 決算期 | 東証平均 | SDC |
|---|---|---|
| 2006/3 | 42.5 | 40 |
| 2007/3 | 40.9 | 40 |
| 2008/3 | 40.2 | 43 |
| 2009/3 | 39.9 | 43 |
| 2010/3 | 39.3 | 43 |

図表5.2　連結決算作業のパレート図

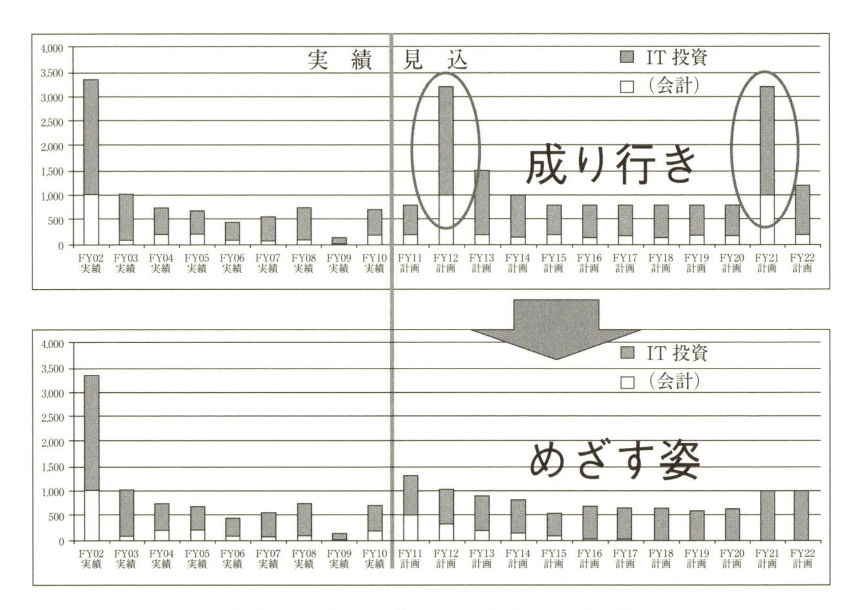


**図表 5.3　将来投資の成り行きとめざす姿**

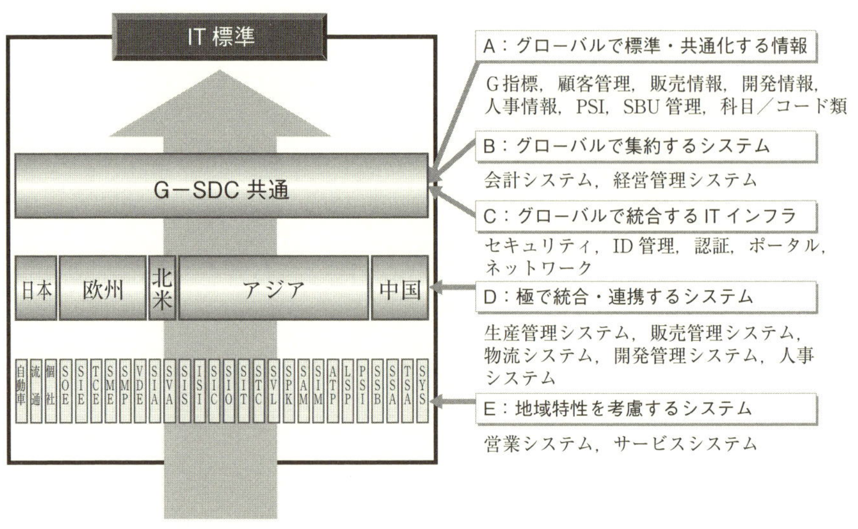


**図表 5.4　IT 標準フレームワーク**

位置づけることと，ITを資産化せず必要分を借りて利用するクラウドコンピューティングという最新技術を取り入れることで実現可能と判断し，経営視点・経理業務視点・IT視点の課題を解決するために「グローバル会計システム(以下，G会計システム)」を構築することとした(図表5.4)．

## 5.4 目標の設定

以上の課題認識とめざすべき姿から，以下のような目標を設定した．

**目標1**：全社情報を集約するG会計システムの構築と35拠点展開(図表5.5)．

以下目標2～4は，目標1の達成をベースに実現させる．

**目標2**：「個別最適」の視点から「全体最適」へ経営管理情報の質の向上とスピード向上を図り，的確な経営判断を支える情報提供を実現する．

**目標3**：期末日から決算発表までにかかる43日のうち28日を費やす価値のないハンド業務を削減し，価値ある業務に工数を振り向けるとともに月内開示を実現する．

**目標4**：全社ITコストの最適化(28億円以下)及び全社ITレベルの向上(4.0)(図表5.6)．

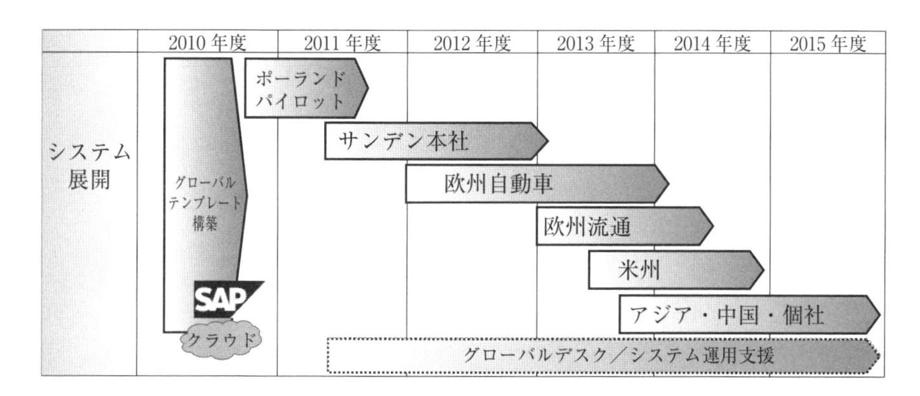


図表5.5　G会計システム展開スケジュール(10年当初計画)

| 項目 | 最大値 | SDC | 海外現法 | | | | | | | | | | | | | | | | | | | | | | 国内個社 | | | | | | | | | |
|---|---|---|---|---|---|---|---|---|---|---|---|---|---|---|---|---|---|---|---|---|---|---|---|---|---|---|---|---|---|---|---|---|---|---|
| | | 自動車 流通 | SIE | SME | SMP | SVG | SIA | SVA | SMX | SIS | SAM | SIM | SIT | ATP | STC | PSI | ISI | SVL | SPK | SIO | TSA | SYS | SSR | SSA | SSB | SWT | SNW | SAT | SWP | SDD | SCX | STT | SDM | SLC | SSE |
| IT 統制(ユーザ管理) | 5 | 2 | 2 | 2 | 2 | 1 | 2 | 1 | 1 | 2 | 2 | 1 | 1 | 1 | 1 | 1 | 1 | 1 | 1 | 1 | 1 | 1 | 1 | 1 | 1 | 2 | 2 | 2 | 2 | 2 | 2 | 2 | 2 | 2 | 3 |
| セキュリティ | 5 | 3 | 2 | 2 | 2 | 2 | 2 | 2 | 2 | 2 | 2 | 2 | 2 | 2 | 2 | 2 | 2 | 2 | 2 | 2 | 2 | 1 | 2 | 2 | 2 | 2 | 2 | 2 | 2 | 2 | 2 | 2 | 2 | 2 | 3 |
| インフラ(PC, IT 資産, NW) | 5 | 3 | 2 | 2 | 2 | 2 | 2 | 2 | 1 | 2 | 2 | 2 | 2 | 2 | 2 | 1 | 1 | 1 | 1 | 2 | 1 | 1 | 1 | 1 | 2 | 3 | 2 | 2 | 2 | 2 | 2 | 2 | 2 | 2 | 3 |
| システム運用／BCP | 5 | 3 | 2 | 2 | 1 | 2 | 2 | 1 | 1 | 2 | 1 | 1 | 1 | 1 | 1 | 1 | 1 | 1 | 1 | 1 | 1 | 1 | 1 | 1 | 1 | 2 | 2 | 2 | 2 | 2 | 2 | 2 | 2 | 2 | 3 |
| IT マネジメント体制 | 5 | 2 | 2 | 2 | 1 | 2 | 2 | 1 | 1 | 2 | 1 | 1 | 1 | 1 | 1 | 1 | 1 | 1 | 1 | 1 | 1 | 1 | 1 | 1 | 1 | 2 | 1 | 1 | 1 | 1 | 1 | 1 | 1 | 1 | 3 |
| IT 人材 | 5 | 2 | 2 | 3 | 2 | 2 | 2 | 2 | 1 | 3 | 2 | 2 | 1 | 2 | 2 | 1 | 1 | 2 | 1 | 2 | 2 | 1 | 2 | 2 | 2 | 2 | 1 | 2 | 1 | 1 | 2 | 1 | 1 | 2 | 3 |
| スキル保有度 | 5 | 2 | 1 | 3 | 2 | 3 | 3 | 2 | 1 | 3 | 2 | 2 | 1 | 2 | 2 | 1 | 1 | 2 | 1 | 2 | 2 | 1 | 2 | 3 | 3 | 2 | 2 | 2 | 2 | 2 | 2 | 2 | 2 | 2 | 3 |
| IT コスト管理 | 5 | 3 | 2 | 2 | 2 | 2 | 2 | 2 | 2 | 2 | 2 | 2 | 2 | 2 | 2 | 2 | 2 | 2 | 2 | 2 | 2 | 2 | 2 | 3 | 2 | 3 | 3 | 3 | 3 | 3 | 3 | 3 | 3 | 3 | 3 |
| IT 投資管理 | 5 | 2 | 2 | 2 | 2 | 2 | 2 | 2 | 2 | 2 | 2 | 2 | 2 | 2 | 2 | 2 | 2 | 2 | 2 | 2 | 2 | 2 | 2 | 2 | 2 | 2 | 2 | 2 | 2 | 2 | 2 | 2 | 2 | 2 | 2 |

【レベル評価方法】 IT 横串調査，内部統制セルフアセスメント，N 社 IT 成熟度診断，G 社リスク評価，出張診断

2009 年 G−SDC　IT レベル　：2.1 ➡ 目標　：4.0

［IT レベル評価基準］
5 : グローバルで最適な状態　4 : 十分に機能している状態　3 : 概ね機能している状態　2 : 不十分な状態　1 : 欠陥がある状態

**図表 5.6　目標：全社 IT レベル表(IT 横串表より)**

## 5.5　施策実施事項

### 5.5.1　TQM によるマネジメント

当社では，初の大型グローバル IT プロジェクトの挑戦となるため，関係部門や経営の理解を深めるためにマネジメント手法として，IT 部門ではまだ利用の少なかった QC 手法を積極的に取り入れた．社内で慣れ親しんだ手法を用いることで，プロジェクト外にも状況が理解されやすく，さまざまな角度からアドバイスをいただけるメリットがある．

企画構想から経営承認までのフェーズでは，誰にどうやって同意をとるべきかを示した「逐次展開型 PDPC」(図表 5.7) や，本プロジェクトならではの課題の整理に使った「連関図」(図表 5.8) が特に有効であった．また，各フェーズの重点課題の重みを示した「パレート図」も誰もが一目で理解できた．わかりやすい手法で表現することで，IT スキルの有無や言葉の壁もなく，国内外や社内外においても理解が得られた．

### 5.5.2　グローバル標準化の進め方

#### (1)　「引き算の展開」から「足し算の展開」へのパラダイムシフト

当社は独立系企業のため社内に標準プロセスがなければ，1 から構築しなくてはならない．以前の IT 本部の考え方は，まず本社ですべての必要機能を用意し，展開時に機能を精査しシンプルな形に整えて展開することだった．しかし，過去の実績を見ると，シンプルにしようとしても一部業務が残ってしまうなど，実際はほとんど機能を減らすことができず，個社に重厚なまま展開するなど失敗を繰り返していた．

このような「引き算の展開」は当社に向いていないことを認識し，まずシンプルに作り，展開時に必要な機能を追加する「足し算の展開」で進めることにした．

#### (2)　クラウドサービスの採用とサンデン標準テンプレートの作成

資産を持たないクラウドコンピューティングのメリットの 1 つは，試作評価で採用が否決された場合，全社展開をやめるという選択肢が残ってい

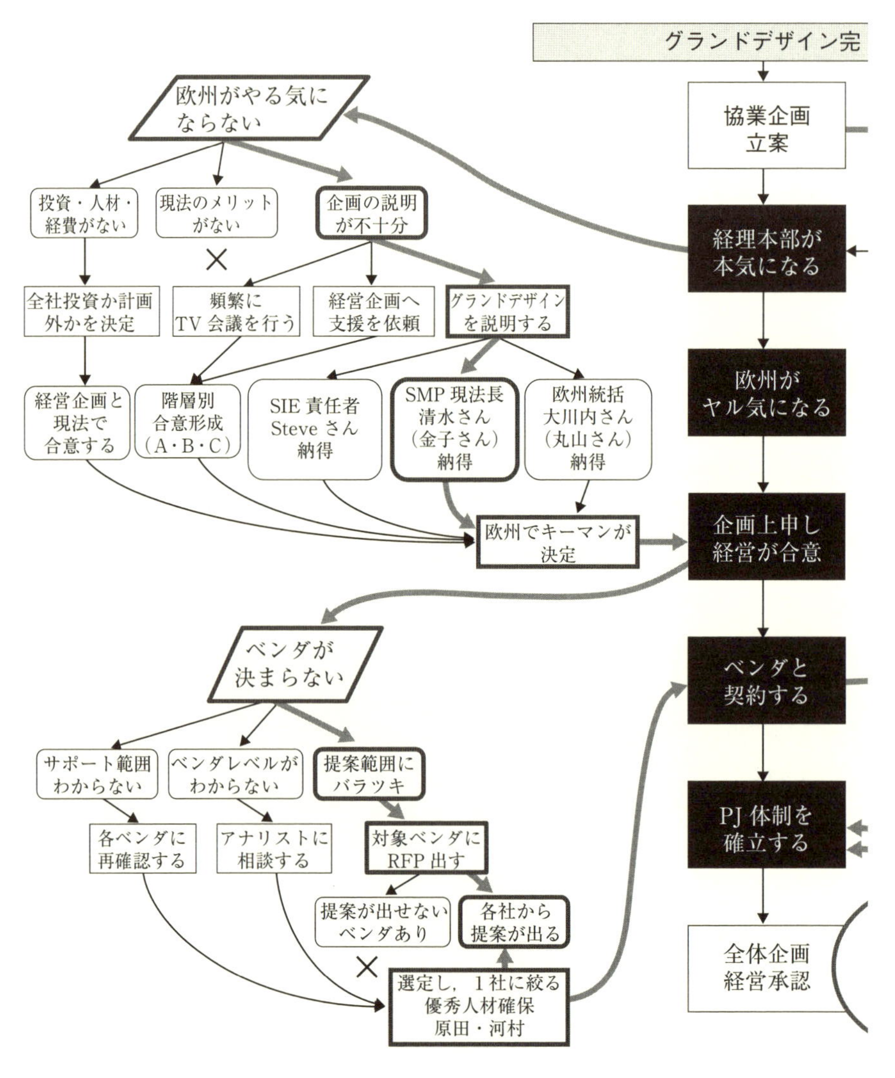
逐次展開型 PDPC（2010 年度：企画・決裁フェーズ）
グランドデザイン完
協業企画立案
経理本部が本気になる
欧州がヤル気になる
企画上申し経営が合意
ベンダと契約する
PJ 体制を確立する
全体企画経営承認
欧州がやる気にならない
投資・人材・経費がない
現法のメリットがない
企画の説明が不十分
全社投資か計画外かを決定
頻繁に TV 会議を行う
経営企画へ支援を依頼
グランドデザインを説明する
経営企画と現法で合意する
階層別合意形成（A・B・C）
SIE 責任者 Steve さん納得
SMP 現法長清水さん（金子さん）納得
欧州統括大川内さん（丸山さん）納得
欧州でキーマンが決定
ベンダが決まらない
サポート範囲わからない
ベンダレベルがわからない
提案範囲にバラツキ
各ベンダに再確認する
アナリストに相談する
対象ベンダに RFP 出す
提案が出せないベンダあり
各社から提案が出る
選定し，1社に絞る優秀人材確保原田・河村

図表 5.7　企画合意形

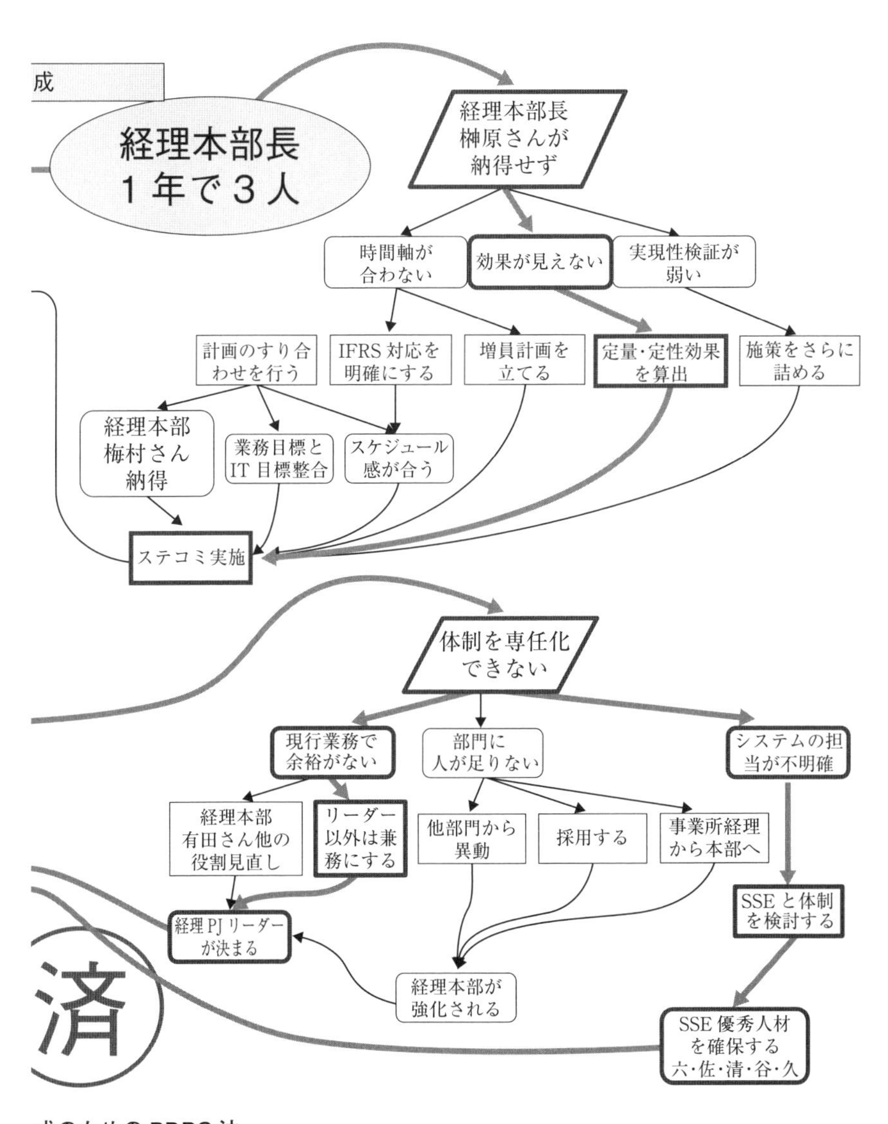

成
経理本部長
1年で3人
経理本部長
榊原さんが
納得せず
時間軸が
合わない
効果が見えない
実現性検証が
弱い
計画のすり合
わせを行う
IFRS 対応を
明確にする
増員計画を
立てる
定量･定性効果
を算出
施策をさらに
詰める
経理本部
梅村さん
納得
業務目標と
IT 目標整合
スケジュール
感が合う
ステコミ実施
体制を専任化
できない
現行業務で
余裕がない
部門に
人が足りない
システムの担
当が不明確
経理本部
有田さん他の
役割見直し
リーダー
以外は兼
務にする
他部門から
異動
採用する
事業所経理
から本部へ
SSE と体制
を検討する
経理 PJ リーダー
が決まる
経理本部が
強化される
SSE 優秀人材
を確保する
六･佐･清･谷･久
済


成のための PDPC 法

**図表 5.8　課題整理のための連関図**

| 会社 | 勘定科目数(現)<br>(From) | 勘定科目(新)<br>(To) |
|---|---|---|
| SDC　本社 | 3,242 | 573 |
| SMP　ポーランド | 1,072 | |
| SME　フランス | 1,185 | |
| SIE　イギリス | 470 | |
| SIA　アメリカ | 594 | |
| SIS　シンガポール | 344 | |

図表 5.9　勘定科目の統一

ることである．G 会計システムは，N 社が提供する SAP クラウドサービスを利用した．N 社自身がグローバルで社員 12 万人規模の改革を進めたツールであり当社に活用できるメリットがあると考えた．N 社のシステムから標準機能を選定し，当社の業務プロセスを反映させ「サンデングローバル標準テンプレート」を作成した．あわせて各社バラバラだった勘定科目体系も 573 科目に統一した(図表 5.9)．

### (3)　本社でなくポーランド現法による試作評価

机上案のテンプレートはまだ 70 点レベルと判断し，評価のためまず 1 社で試作評価を行うことにした．その場合，本社で評価するのが通例だが，今回は評価にふさわしい拠点を「経営上重要な拠点であり，かつシンプルなビジネスプロセス」の視点でパレート図などを用いて比較し，機能通貨ユーロと現地通貨ズロチの複数通貨対応の評価もできる設立 6 年の若いポーランド現法を選定した．

試作評価の結果，テンプレートと 85%が合致し，多少の修正で展開できることがわかった(図表 5.10)．

## 5.5.3　セキュリティ強化

### (1)　全社員セキュリティ教育と誓約書の同時展開

今まで性善説に則ったセキュリティ対策を行ってきたが，グローバルで会計データが 1 カ所に集中する上，世界中がネットワークでつながること

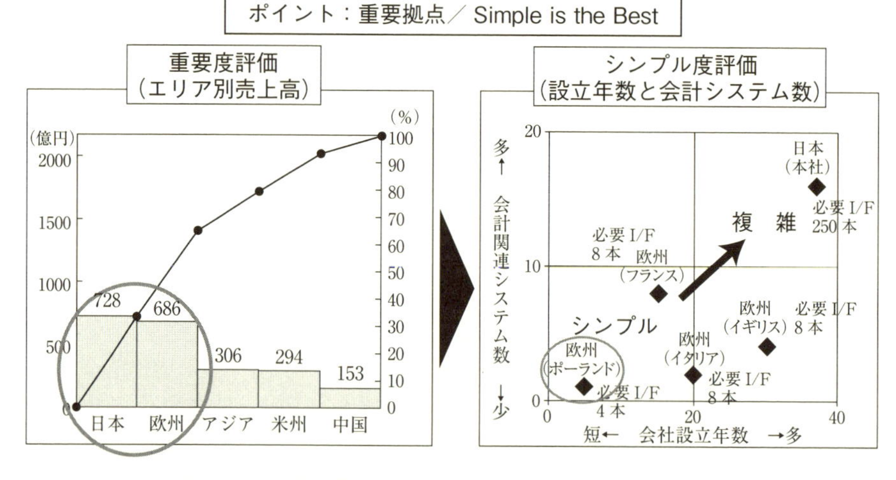


**図表 5.10　重要度評価パレード図（左）とシンプル度評価（右）**

から，性悪説での対策が必要と考え，系統図で施策を整理しセキュリティポリシーの教育と誓約書という人的対策を先行実施した（図表 5.11）．E ラーニングシステムを利用しトレーニングの最後で誓約書への同意をとることで教育カリキュラムが終了する仕組みである．

### (2)　情報漏えいに向けた技術的対応

人的対策だけでなく，社外へのデータ持ち出しに関する技術的対策も実施した．利用制限をしていなかった USB メモリなど外部記憶媒体の管理を強化し，持ち出しパソコンの暗号化や，個人持ち USB メモリなどの利用禁止，暗号化 USB メモリの貸し出しサービス化，未承認の外部記憶媒体の認証停止，パソコンアクセスログ収集と監視，利便性が高くセキュアなデータ共有環境の整備を行った．

## 5.5.4　グローバルの IT レベルの向上と運用体制の確立

### (1)　安価なインターネット回線利用による海外ネットワークの再構築

海外現法と日本をつなぐ業務系システムは，受発注とのファイル共有くらいしかなかった．主要現法とは IP－VPN でつなぎ，10 数年間大きな

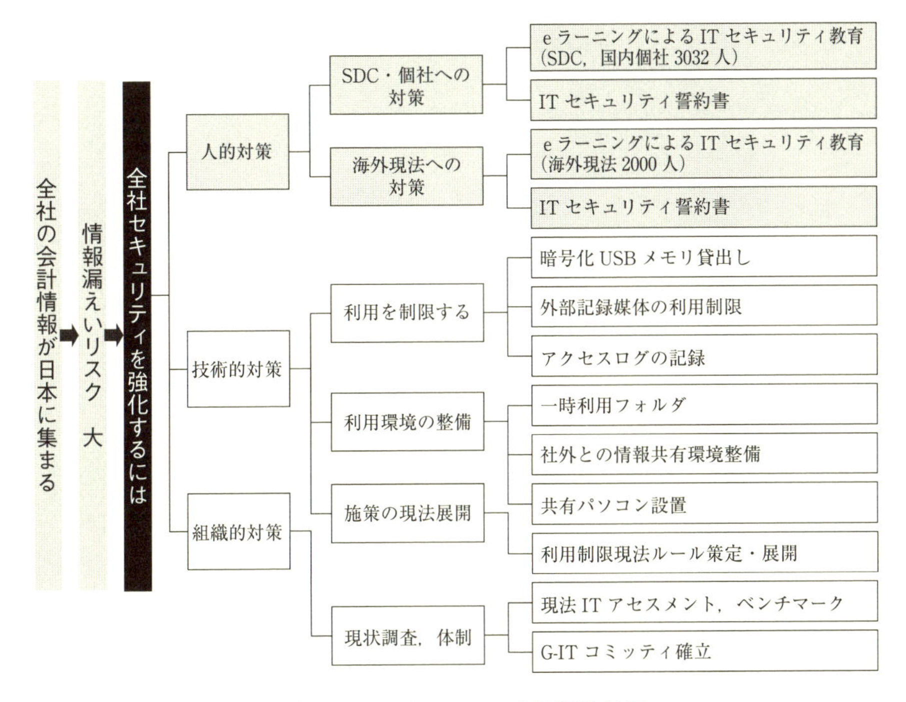


図表 5.11　G ネットワーク再構築結果

問題なく業務遂行できていたので，IP－VPN を持つ現法では，G 会計システムを展開してもバックアップ回線は必要ないと考えていた．しかし，ポーランドで 2011 年 10 月に稼動した直後からネットワーク障害やメタル目的の窃盗が多発しバックアップ回線の必要性が出てきた．ネットワーク基本方針として，①メイン回線，②バックアップ回線，③インターネットを使い日本で代行できるリモートアクセス，の 3 種類の準備を決定した(図表 5.12)．

### (2)　フルタイム運用に向けた SSE 体制の強化

国内のシステム運用を主に行っていた SSE では，国内工場に合わせた勤務形態でシステム保守を行っていたため，グローバル IT 人材はほとんどいなかった．

G 会計システムはクラウドサービスだが，ランニングコスト低減と SSE

(From)

| 拠点／回線 | 海外 | | | | | | 日本 | | |
|---|---|---|---|---|---|---|---|---|---|
| | フランス | ポーランド | ドイツ | アメリカ | マレーシア | 他中小現法 | 本社 | 支社・支店 | 個社 |
| インターネット | ○ | ○ | ○ | ○ | ○ | ○ | ○ | ○ | ○ |
| 専用回線 | ○ | ○ | ○ | ○ | − | − | ○ | ○ | ○ |
| バックアップ | − | − | − | − | − | − | − | − | − |

(To)

| 拠点／回線 | 海外 | | | | | | 日本 | | |
|---|---|---|---|---|---|---|---|---|---|
| | フランス | ポーランド | ドイツ | アメリカ | マレーシア | 他中小現法 | 本社 | 支社・支店 | 個社 |
| インターネット | ○ | ○ | ○ | ○ | ○ | ○ | ○ | ○ | ○ |
| 専用回線 | ○ | ○ | ○ | ○ | ○ | − | ○ | ○ | ○ |
| バックアップ | ○ | ○ | ○ | ○ | ○ | − | ○ | ○ | ○ |

図表5.12 G情報(事業・SBU・機種・顧客別)見える化

のグローバル化のため運用内製化率を上げることを方針とした．まず，英語力のある若手をプロジェクトに参画させ，OJTを通して実践スキルを身に付け，展開が広がると夜間含めて問い合わせの一次窓口を受け持てる体制となった．

2011年10月にポーランド，2012年7月にマレーシア，続いて10月に日本本社，2013年7月に欧州が稼働．2014年に米州が稼働することで本格的な24時間運用体制となる．

### 5.5.5 プロジェクトコミュニケーション環境整備

#### (1) 社内外でのファイル共有

当プロジェクトは，東京・群馬・海外現法・N社・A社など複数拠点にプロジェクトルームが存在したので，各フェーズの成果物を共有できるよう，社内だけでなく社外や海外現法でも利用できるファイル共有環境を既存のインフラを活用して作った．

#### (2) Web会議システム

現地滞在メンバーが日本との距離感を感じないように，各拠点にいつでも接続できる専用のWeb会議システムを設置した．通常のTV会議システムは予約が必要だが，プロジェクト専用のIDとパスワードで予約なしで手軽に利用できるようにした.

### (3)　無料の国際通話の利用

ポーランド導入時，Web会議1台では足りず個人携帯電話が頻繁に利用されていたことが発覚．通話料金は1年で650万円を超えていた．次展開ではWeb会議の増設に加え，スマートフォンを各拠点に配布し無料通話のスカイプを利用．社内ネットワーク接続のパソコンではスカイプは禁止だが，携帯ではリスクが低いため承認機器のみ許可し，現地とのコミュニケーションにかかるコストを低減することができた.

## 5.6　効果確認

当初，目標にあげた4項目は概ね達成．以下に具体的内容を示す.

**目標1**：全社情報を集約するG会計システムの構築と35拠点展開.

**成果**　：展開順序は一部見直したが，現法の新設及び統廃合を取り込みつつ概ね予定どおりに展開中．2015年に展開完了予定.

**目標2**：「個別最適」の視点から「全体最適」への経営管理
情報の質の向上とスピード向上を図り，的確な経営判断を支える情報提供を実現する.

**成果**　：必要な経営情報を都度集めるのではなく，いつでも「ある」状態．欧州自動車事業においては製造現法と販売現法，さらにノックダウンパーツを輸出する本社が同一システムとなったことで勘定科目とSBUが標準化され，サプライチェーンを通して同じ切り口で財務情報を把握できる．また，源流となる生産・販売オペレーションからの会計情報取得プロセスや経理処理プロセスについては現法ごとに異なっていたが，標準化により経営管理に必要な情報の品質と均質性を担保できるようになった(図表5.13).

**目標3**：期末日から決算発表までにかかる43日のうち28日を費やす価

| | (From) | | | | (To) | | | |
|---|---|---|---|---|---|---|---|---|
| | 事業別 | SBU別 | 機種別 | 顧客別 | 事業別 | SBU別 | 機種別 | 顧客別 |
| 売上高 | △ | △ | △ | △ | ○ | ○ | ○ | ○ |
| 売上原価 | △ | △ | △ | × | ○ | ○ | ○ | △ |
| （製造原価） | × | × | × | × | ○ | ○ | △ | △ |
| （コストダウン） | △ | × | × | − | ○ | ○ | △ | − |
| 生産性 | × | × | × | − | ○ | ○ | △ | − |
| 労務費 | △ | × | × | − | ○ | ○ | △ | − |
| 経費 | △ | × | × | − | ○ | ○ | △ | − |
| 税引前利益 | △ | × | × | − | ○ | ○ | − | − |
| 売上債権 | × | × | − | △ | ○ | ○ | − | ○ |
| 棚卸資産 | × | × | × | △ | ○ | ○ | △ | △ |
| 借入金 | − | − | − | − | − | − | − | − |
| 人員 | × | × | × | − | ○ | △ | − | − |

**図表 5.13　G情報見える化**

値のないハンド業務を削減し，価値ある業務に工数を振り向けるとともに月内開示を実現する．

**成果**　：勘定科目，事業セグメント定義，為替レートなどを統一し，標準化された業務とルールをG会計システムを使って展開することで，本社の連結決算業務で時間がかかる大きな要因となっていた内部取引情報の精度を向上させ決算業務の効率化を図ることができた．システム導入現法では月次絞め3日完了と連結財務報告作成の簡素化より，連結決算プロセス全体の効率化が図れている．また経理本部は東京にいながら各現法の財務情報を各種元帳や伝票にさかのぼり確認できるため，問合せが必要な状況も少なくなる効果も見込まれる．あわせてIFRS対応基盤もできた．

**目標4**：全社ITコストの最適化(28億円以下)．あわせて，全社ITレベルの向上．

**成果**　：ITコストに関しては，クラウドサービスをベースに最小限の機能を持ったサンデングローバル標準テンプレートを作成，展開し

| 項目 | 最大値 | SDC 自動車 | SDC 流通 | 海外現法 SIE | SME | SMP | SVG | SIA | SVA | SMX | SIS | SAM | SIM | SIT | ATP | STC | PSI | ISI | SVL | SPK | SIO | TSA | SYS | SSR | SSA | SSB | 国内個社 SWT | SNW | SAT | SWP | SDD | SCX | STT | SDM | SLC | SSE |
|---|---|---|---|---|---|---|---|---|---|---|---|---|---|---|---|---|---|---|---|---|---|---|---|---|---|---|---|---|---|---|---|---|---|---|---|---|
| IT 統制(ユーザ管理) | 5 | 5 | | 5 | 5 | 5 | 5 | 5 | 5 | 3 | 5 | 3 | 3 | 3 | 3 | 3 | 3 | 3 | 3 | 3 | 3 | 3 | 3 | 3 | 3 | 3 | 4 | 4 | 4 | 4 | 4 | 4 | 4 | 4 | 4 | 4 |
| セキュリティ | 5 | 5 | | 5 | 5 | 5 | 5 | 5 | 5 | 3 | 5 | 3 | 3 | 3 | 3 | 3 | 3 | 3 | 3 | 3 | 3 | 3 | 3 | 3 | 3 | 3 | 4 | 4 | 4 | 4 | 4 | 4 | 4 | 4 | 4 | 4 |
| インフラ(PC, IT 資産, NW) | 5 | 5 | | 4 | 4 | 4 | 4 | 4 | 4 | 3 | 4 | 3 | 3 | 3 | 3 | 3 | 3 | 3 | 3 | 3 | 3 | 3 | 3 | 3 | 3 | 3 | 4 | 4 | 4 | 4 | 4 | 4 | 4 | 4 | 4 | 4 |
| システム運用／BCP | 5 | 5 | | 4 | 4 | 4 | 4 | 4 | 4 | 3 | 4 | 3 | 3 | 3 | 3 | 3 | 3 | 3 | 3 | 3 | 3 | 3 | 3 | 3 | 3 | 3 | 4 | 4 | 4 | 4 | 4 | 4 | 4 | 4 | 4 | 4 |
| IT マネジメント体制 | 5 | 5 | | 4 | 4 | 4 | 4 | 4 | 4 | 3 | 4 | 3 | 3 | 3 | 3 | 3 | 3 | 3 | 3 | 3 | 3 | 3 | 3 | 3 | 3 | 3 | 4 | 4 | 4 | 4 | 4 | 4 | 4 | 4 | 4 | 4 |
| IT 人材 | 5 | 5 | | 4 | 4 | 4 | 4 | 4 | 4 | 3 | 4 | 3 | 3 | 3 | 3 | 3 | 3 | 3 | 3 | 3 | 3 | 3 | 3 | 3 | 3 | 3 | 3 | 3 | 3 | 3 | 3 | 3 | 3 | 3 | 3 | 5 |
| スキル保有度 | 5 | 5 | | 4 | 4 | 4 | 4 | 4 | 4 | 3 | 4 | 3 | 3 | 3 | 3 | 3 | 3 | 3 | 3 | 3 | 3 | 3 | 3 | 3 | 3 | 3 | 3 | 3 | 3 | 3 | 3 | 3 | 3 | 3 | 3 | 5 |
| IT コスト管理 | 5 | 5 | | 4 | 4 | 4 | 4 | 4 | 4 | 3 | 4 | 3 | 3 | 3 | 3 | 3 | 3 | 3 | 3 | 3 | 3 | 3 | 3 | 3 | 3 | 3 | 4 | 4 | 4 | 4 | 4 | 4 | 4 | 4 | 4 | 4 |
| IT 投資管理 | 5 | 5 | | 4 | 4 | 4 | 4 | 4 | 4 | 3 | 4 | 3 | 3 | 3 | 3 | 3 | 3 | 3 | 3 | 3 | 3 | 3 | 3 | 3 | 3 | 3 | 4 | 4 | 4 | 4 | 4 | 4 | 4 | 4 | 4 | 4 |

[IT レベル評価基準]
5：グローバルで最適な状態　4：十分に機能している状態　3：概ね機能している状態　2：不十分な状態　1：欠陥がある状態
−：該当する機能がない

図表 5.14　成果：全社 IT レベル表(実績見込)

たことで，大規模なIT投資を回避できた．あわせて全社のネットワーク再編や契約の見直し，インフラ集中購買などの施策を実施したことで，全社ITコストの目標内に抑えられた．ITレベルに関しては，プロジェクト展開にあわせて実施したセキュリティ施策やインフラ整備などにより，2009年当初ITレベル2.1／セキュリティレベル2.0が，2012年度末にはITレベル3.5／セキュリティレベル3.2に向上し，展開が完了する2015年度末には目標レベル4.0を達成する見込みである(図表5.14)．

## 5.7　今後の計画

目標35拠点展開のうち，すでに本社を含む重要7拠点が稼働し，当初見えていなかった効果も徐々に見えてきた．まずは，プロジェクト計画どおり確実な展開を行い，経営層から業務部門までの幅広いニーズに応えられるようにしていくことが重要である．G会計システムから人の手を介さず同じモノサシで数字を見る文化を作り，情報提供スピードが全社で日次化することで，タイムリーな経営判断が可能なマネジメントシステムになると考える．今後は，さらに会社の営みすべてを金額換算し，「見える化」することで改善活動を加速させ，あわせて，今まさにグループで起きている課題にすぐアクションが打てるようなグローバルコミュニケーションを実現することで，「ITが経営の武器になる」というITビジョンを実現できると考えている．

**第6章**

# 出願日数目標の達成に向けた活動

実践事例4●アイシン・エィ・ダブリュ㈱　知的財産部　A/T特許G

## 6.1　アイシン・エィ・ダブリュの取組み

当社アイシン・エィ・ダブリュ㈱は，オートマチックトランスミッション(A/T)及びボイスナビゲーションシステムの専門メーカーとして，「品質至上」の経営理念のもとに高品質で魅力ある製品づくりに全社一丸となって取り組んでいる．

知的財産部では，「将来を見据えた魅力あるA/Tの新技術の基本特許の取得」と「A/T新製品の確実な特許保証」という使命のもと，「パテントレビュー（知的財産に関するレビュー)による新技術の確実な特許出願

A/T特許グループ

**使命**
- 将来を見据えた魅力ある
- A/T新製品の確実な特許保証

**方針**
◆パテントレビューによる新技術の確実な特許出願と特許の質の向上
◆開発の成果をタイムリーに特許出願し，AW知的財産を確保する

**出願日程管理の取組み**
- 現状の出願日数目標達成に向けた管理活動の課題の把握
- 出願が遅れる案件の隠れた理由・背景を理解する

図表6.1　知的財産部の役割

と特許の質の向上」により，開発の成果をタイムリーに特許出願し，AWの知的財産を確保する取組みを行っている（図表6.1）．

このような中，「出願日数目標の達成」に向けた取組みを実施している．

## 6.2　取組みの背景

特許出願する際，「プロジェクトの重要課題に対する実施予定の基本技術」である「基本特許」は30日以内での出願，また「プロジェクトの重要課題に対する実施予定の周辺技術」や「プロジェクトの重要課題に関係しないが，プロジェクトで実施予定の技術」などの「周辺特許」は60日以内での出願となる．特許出願は，最も早く出願した人に特許権が与えられるため，出願が遅れることで特許権を得られなくなる恐れがあり，目標期限を遵守できる仕組みが必要である．

現在基本特許は目標所要日数を厳守できているが，周辺特許に至っては目標所要日数を守れていない案件が見受けられる．

そこで周辺特許の目標所要日数である60日を守れるよう，アロー・ダイヤグラムを用いて出願業務の各工程のありたい姿を「見える化」し，現在の出願所要日数を無理せずありたい姿に近づける対策の検討を実施した（図表6.2）．

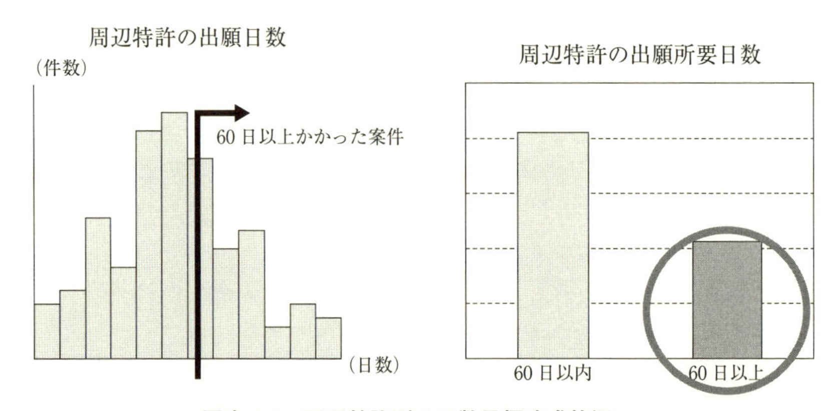


**図表6.2　周辺特許別の日数目標達成状況**

## 6.3　現状把握(業務の概要)

図表6.3が特許を出願するうえでの各担当者の役割を表した工程である.

まず発明者の発明した内容を知的財産部にて先行技術がないか調査し,ないことが判明した後に発明の要旨を検討する.知的財産部からの要旨検討の報告を受けた発明者は発明の提案書を作成し,作成後知的財産部が提案書を受理し弁理士を設定する.特許出願は発明者自身も行えるが手続きが大変複雑なため弁理士が発明者の代理として特許・意匠・商標登録などを行うことができる.

弁理士が明細書原稿を作成後,発明者は原稿のチェックを行い,さらに知的財産部で原稿の修正を行った後に出願となる.

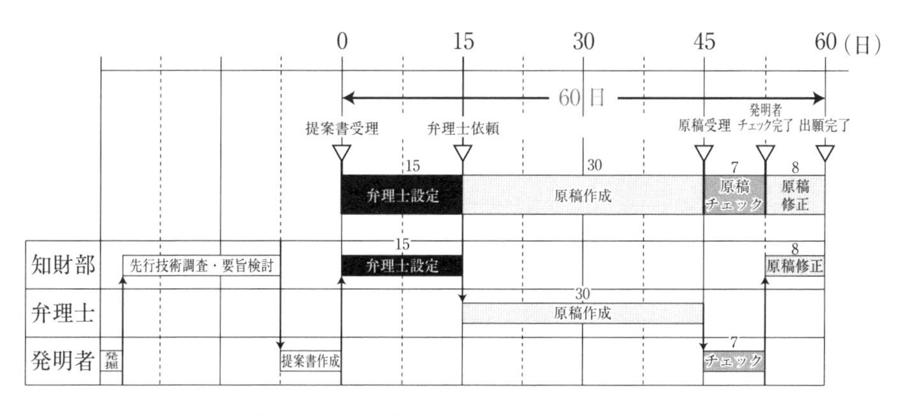


**図表6.3　出願完了までの各担当者の役割**

## 6.4　現状把握(業務の流れ)

現状における発明提案書の受理から弁理士による出願手続き完了までの各業務の流れをアロー・ダイヤグラムで整理した(図表6.4).

次に上記業務の流れについて,ありたい姿のアロー・ダイヤグラムを整理した(図表6.5).

次に最も遅れて出願した案件について遅れた原因の検討を行った(図表6.6).

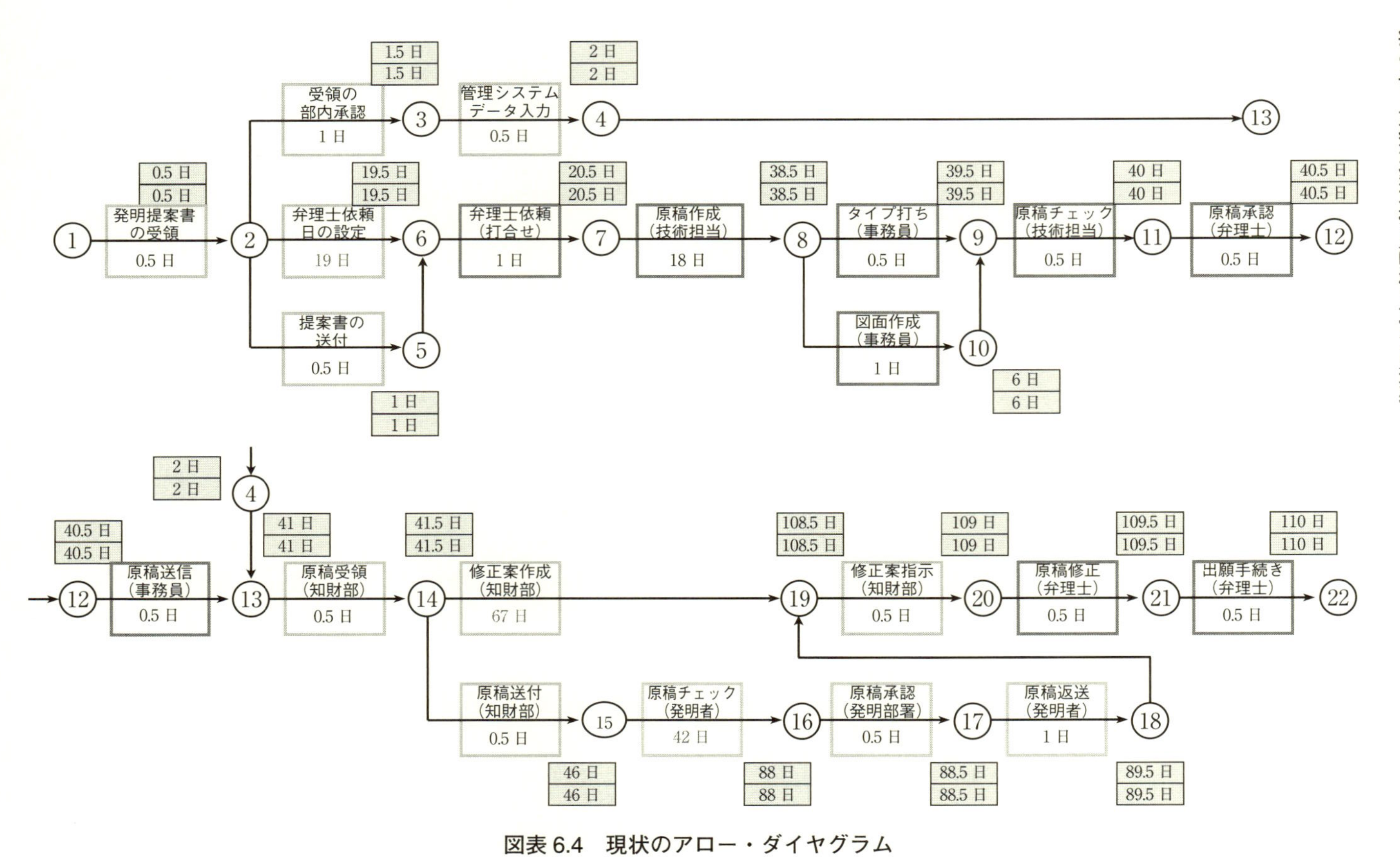


図表6.4　現状のアロー・ダイヤグラム

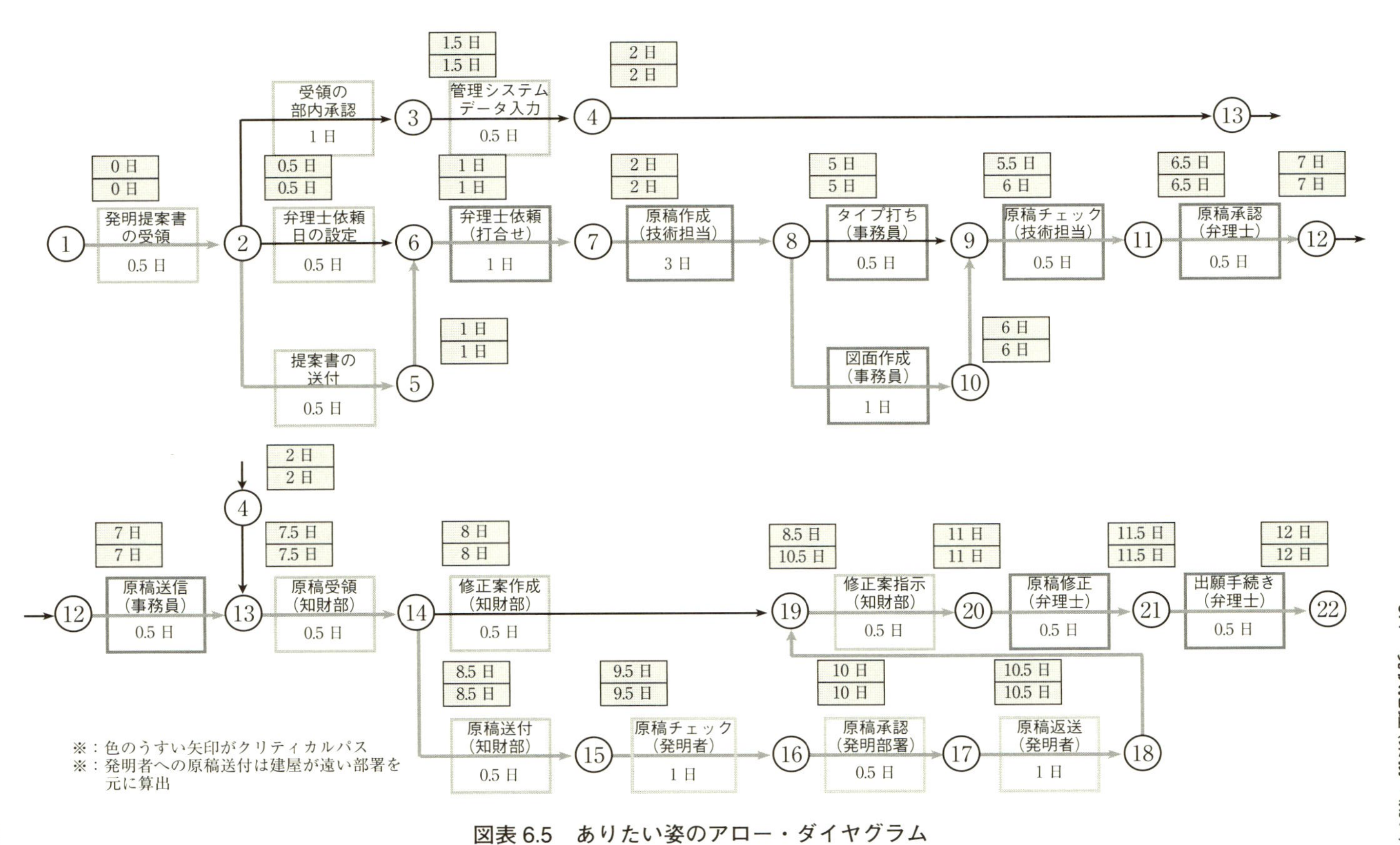


図表6.5 ありたい姿のアロー・ダイヤグラム

| 案件 | 技術 | 知財担当者 | 発明者 | 弁理士 | 提案書受理日 | 依頼日設定 | 依頼までの日数 | 原稿作成日数 | 発明者日数 | 知財日数 | 出願日 | 日数 |
|---|---|---|---|---|---|---|---|---|---|---|---|---|
| | クリティカルパスでのありたい姿 | | | | | 0 日 | 2 日 | 6 日 | 2 日 | 1 日 | 1 日 | 12 日※ |
| A | クラッチブレーキ | K | T | Ky | 12 月 25 日 | 5 日※ | 20 日※ | 20 日※ | 43 日※ | 70 日※ | 6 月 16 日 | 110 日※ |
| B | 油圧回路 | K | I | C | 3 月 11 日 | 4 日※ | 18 日※ | 32 日※ | 6 日※ | 40 日※ | 7 月 28 日 | 94 日※ |

図表 6.6　遅れて出した案件

実際にかかった日数から,「発明者の原稿チェック日数」と「知的財産部の原稿修正日数」に大幅な遅れがあることが判明した.

## 6.5　要因の解析

なぜ「発明者の原稿チェック日数がかかるのか」と「知的財産部担当者の原稿修正日数がかかるのか」ということについて連関図で要因解析を行った(図表 6.7, 図表 6.8).

それぞれの連関図の結果から,「発明者の原稿チェック日数がかかる」については,「特許経験の少ない発明者でも何をチェックすればよいかをわかりやすくする必要がある」ことと「特許明細書はどこに何が書いてあるかをわかりやすくする必要がある」ということがわかった. また「知的財産部担当者の原稿修正日数がかかる」については,「経験の少ない知財担当者でも何をチェックすればよいかをわかりやすくする必要がある」ことと「発明の要旨検討書で, どんな明細書で出願するかの基準を示す必要がある」ということがわかった.

同じく「弁理士の設定」と「弁理士へ依頼するまでに時間がかかる」ということについても要因を考え対策を検討した(図表 6.9).

**対策案①：弁理士打合せ日の固定**

⇒あらかじめ隔週火曜日を弁理士打合せ日として設定し, 発明者と日程調整をした.

**対策案②：要旨検討書(明細書原稿の骨子をまとめたもの)の作成手順の標準化**

⇒弁理士打合せ前に明細書原稿全体を想定した内容を検討し, 弁理士打合

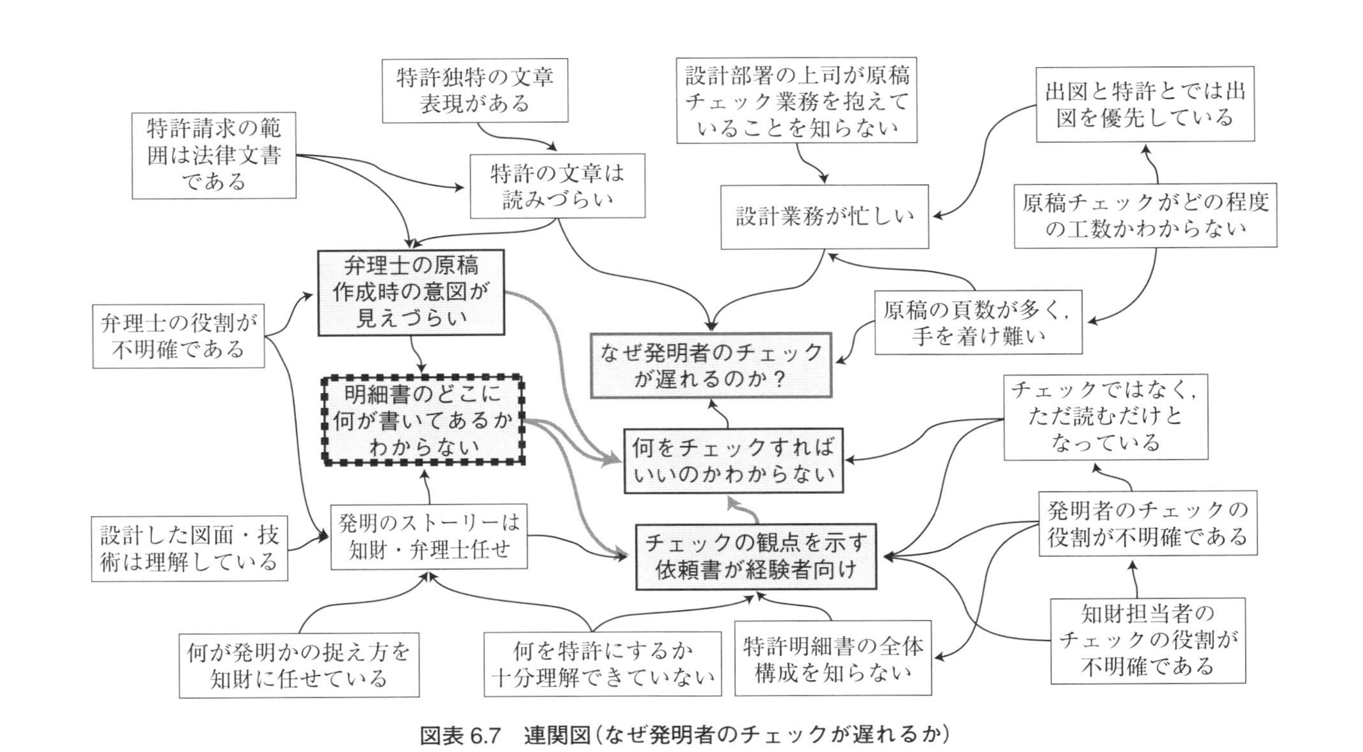


図表6.7 連関図（なぜ発明者のチェックが遅れるか）

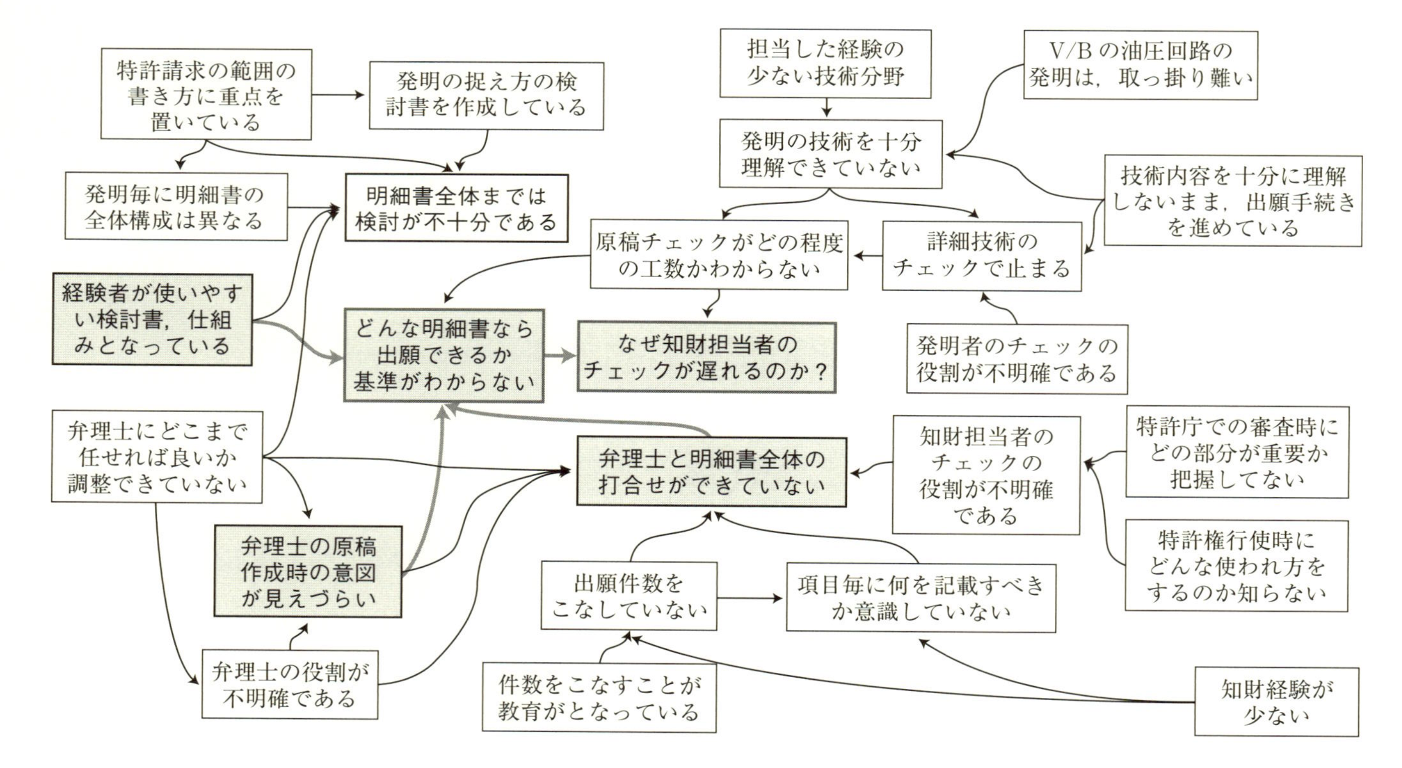


図表6.8　連関図（なぜ知的財産部担当者のチェックが遅れるか）

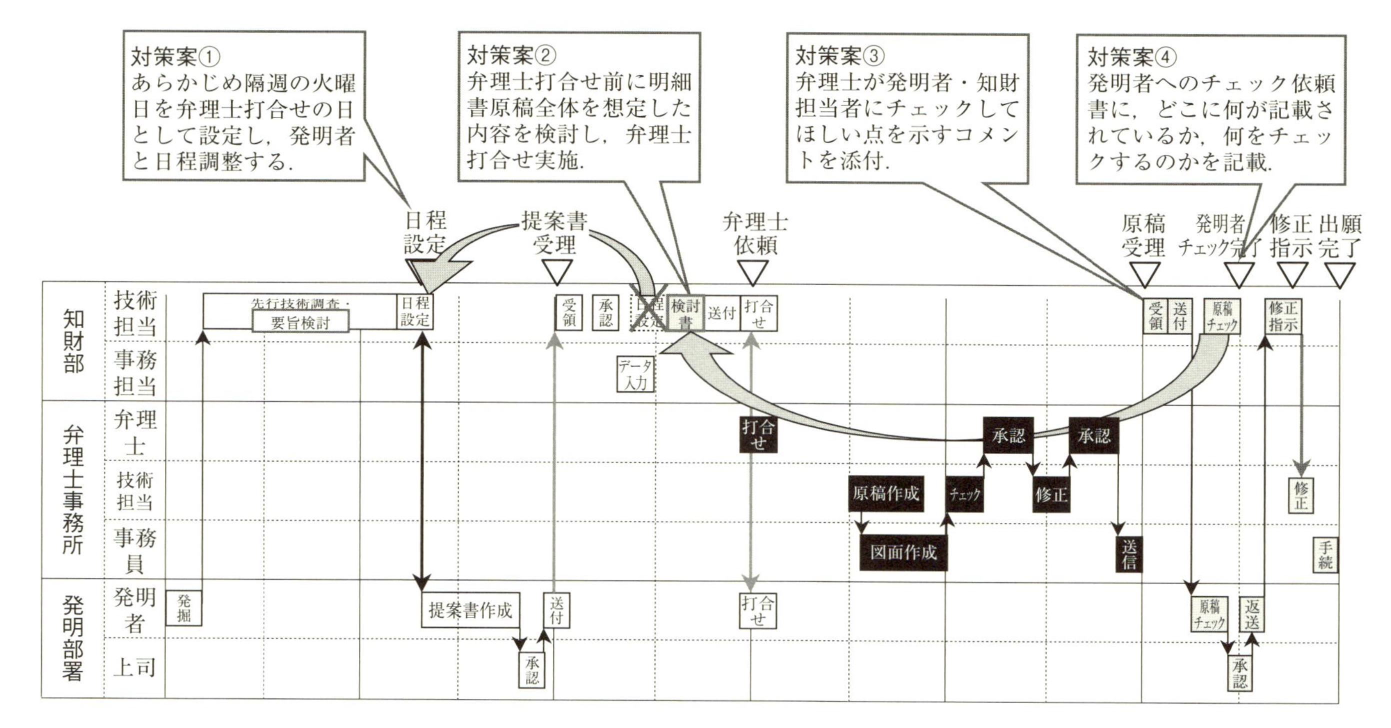

対策案①
あらかじめ隔週の火曜日を弁理士打合せの日として設定し，発明者と日程調整する．
対策案②
弁理士打合せ前に明細書原稿全体を想定した内容を検討し，弁理士打合せ実施．
対策案③
弁理士が発明者・知財担当者にチェックしてほしい点を示すコメントを添付．
対策案④
発明者へのチェック依頼書に，どこに何が記載されているか，何をチェックするのかを記載．
日程設定
提案書受理
弁理士依頼
原稿受理
発明者チェック完了
修正指示
出願完了
知財部
技術担当
事務担当
弁理士事務所
弁理士
技術担当
事務員
発明部署
発明者
上司
先行技術調査・要旨検討
日程設定
受領
承認
日程設定
検討書
送付
打合せ
データ入力
打合せ
原稿作成
図面作成
チェック
承認
修正
承認
送信
受領
送付
原稿チェック
修正指示
修正
手続
発掘
提案書作成
承認
送付
打合せ
原稿チェック
返送
承認


図表6.9 対策案

せ実施.

**対策案③：弁理士の役割の明確化**

⇒弁理士が発明者・知財担当者にチェックしてほしい点を示すコメントを添付.

**対策案④：特許明細書の全体構成の明確化と発明者の役割の明確化**

⇒発明者へのチェック依頼書のどこに何が記載されているか，何をチェックするのかを記載.

さらにクリティカルパスどおりにいったケースも検討し，なぜうまくいったのかの要因についても検討を行った(図表6.10).

その結果，以下3点が顕著な取組みとしてあげられた.

① 必要日数が短い知的財産部担当者は，提案書提出前にあらかじめ弁理士打合せ日を決めてから発明者との日程設定をしている.

② 特許出願経験の多い発明者は明細書の全体構成を知っており，原稿チェックへの抵抗が少ない.

③ 経験日数が短い知的財産担当者は弁理士打合せ時に明細書全体構成の調整を済ませており検討書どおりかをチェックするだけである.

うまくいった取組みを元に先の対策案②，③，④の詳細検討を行った.

**対策案②の検討：**

従来は担当者が発明の特徴や特許権として取得したい技術をまとめた検討書を作成していたが，変更後は発明の特徴や特許権として取得したい技術のまとめ方を標準化した.

**対策案③の検討：**

従来は原稿のみ納品し一部の案件のみでチェックポイントを青字でマーキングしていた．変更後は発明者のチェックポイントとして弁理士が原稿

| 案件 | 技術 | 知財担当者 | 発明者 | 弁理士 | 提案書受理日 | 依頼日設定 | 依頼までの日数 | 原稿作成日数 | 発明者日数 | 知財日数 | 出願日 | 日数 |
|---|---|---|---|---|---|---|---|---|---|---|---|---|
| | クリティカルパスでのありたい姿 | | | | | 0日 | 2日 | 6日 | 2日 | 1日 | 1日 | 12日※ |
| E | SBW技術 | O | Y | C | 9月2日 | −9日※ | 3日※ | 6日※ | 1日※ | 1日※ | 9月18日 | 12日※ |
| F | エコラン | I | S | O | 12月1日 | −7日※ | 1日※ | 7日※ | 7日※ | 9日※ | 12月25日 | 18日※ |

図表6.10　うまくいった案件

作成した際に発明の要点で特に注意してチェックしてほしい部分を明記したことと，知的財産部担当者のチェックポイントとして特許請求の範囲など，特に注意してチェックしてほしい部分を明記した．

**対策案④の検討：**

従来は発明者への原稿チェック依頼書に出願経験のある発明者向けのチェックのポイントを記載していたが，変更後は明細書全体の構成と発明者のチェックポイントを記載することとした．

## 6.6　対策を盛り込んだ日程計画の見直し

特許出願業務のみを遂行する場合の最速結合点日程と最遅結合点日程を図表6.11に示す．クリティカルパスは図表6.11のとおりとなる．また，対策を盛り込み，変更した後のアロー・ダイヤグラムを図表6.12に示す．

## 6.7　効果確認

2009年度出願案件で最も遅れて出願した案件を前述の対策案①，②，③，④を採用した場合の出願日数で検証した(図表6.13)．

案件Aについては110日が29日，案件Bについては94日が32日とクリティカルパスのありたい姿については及ばないものの大幅に日数を低減することができた．

結果として対策前の所要日数は全体の66%が60日以内で出願できていたのに対し，対策後は全体の85%を60日以内で出願させることができた(図表6.14)．

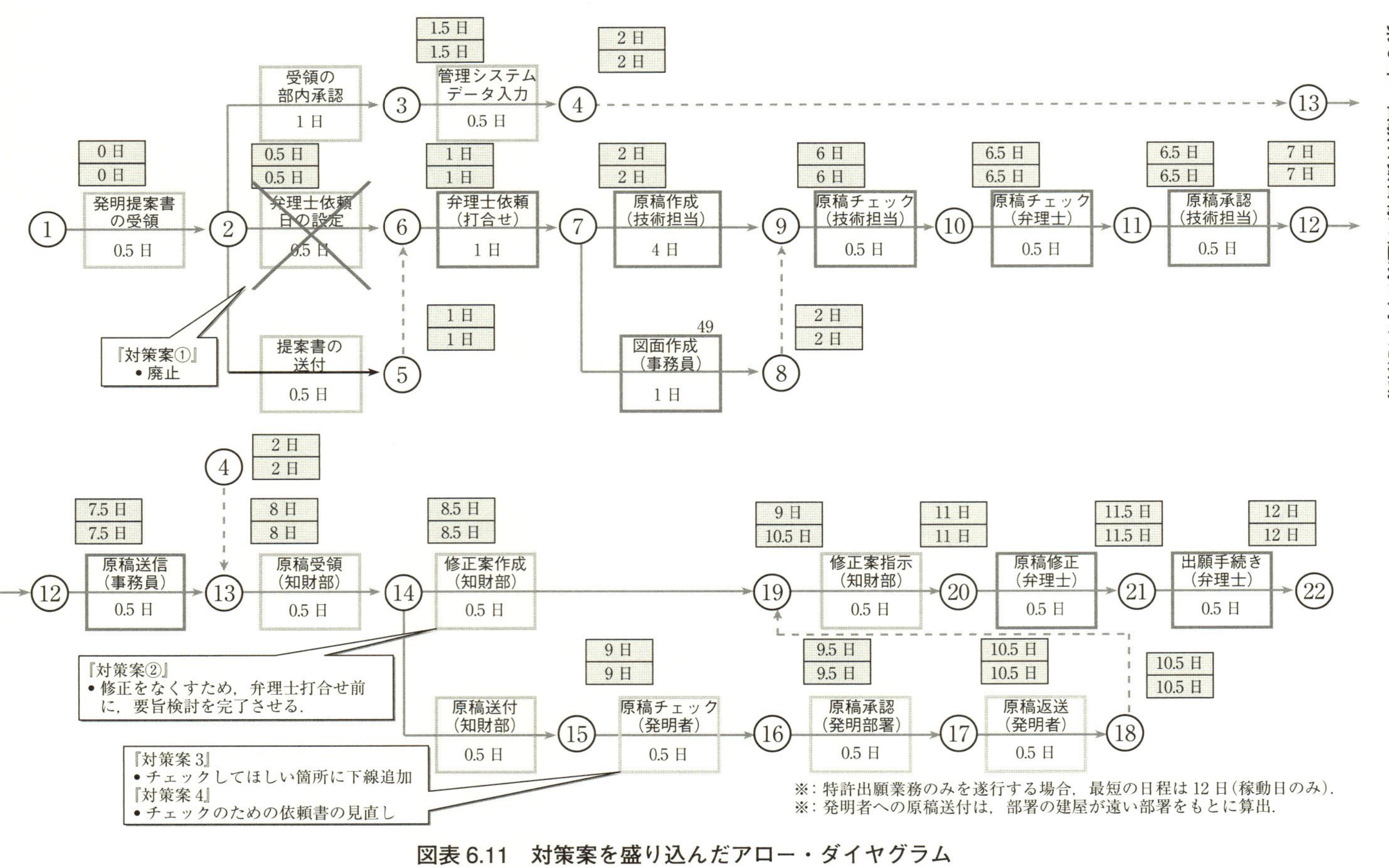


図表6.11　対策案を盛り込んだアロー・ダイヤグラム

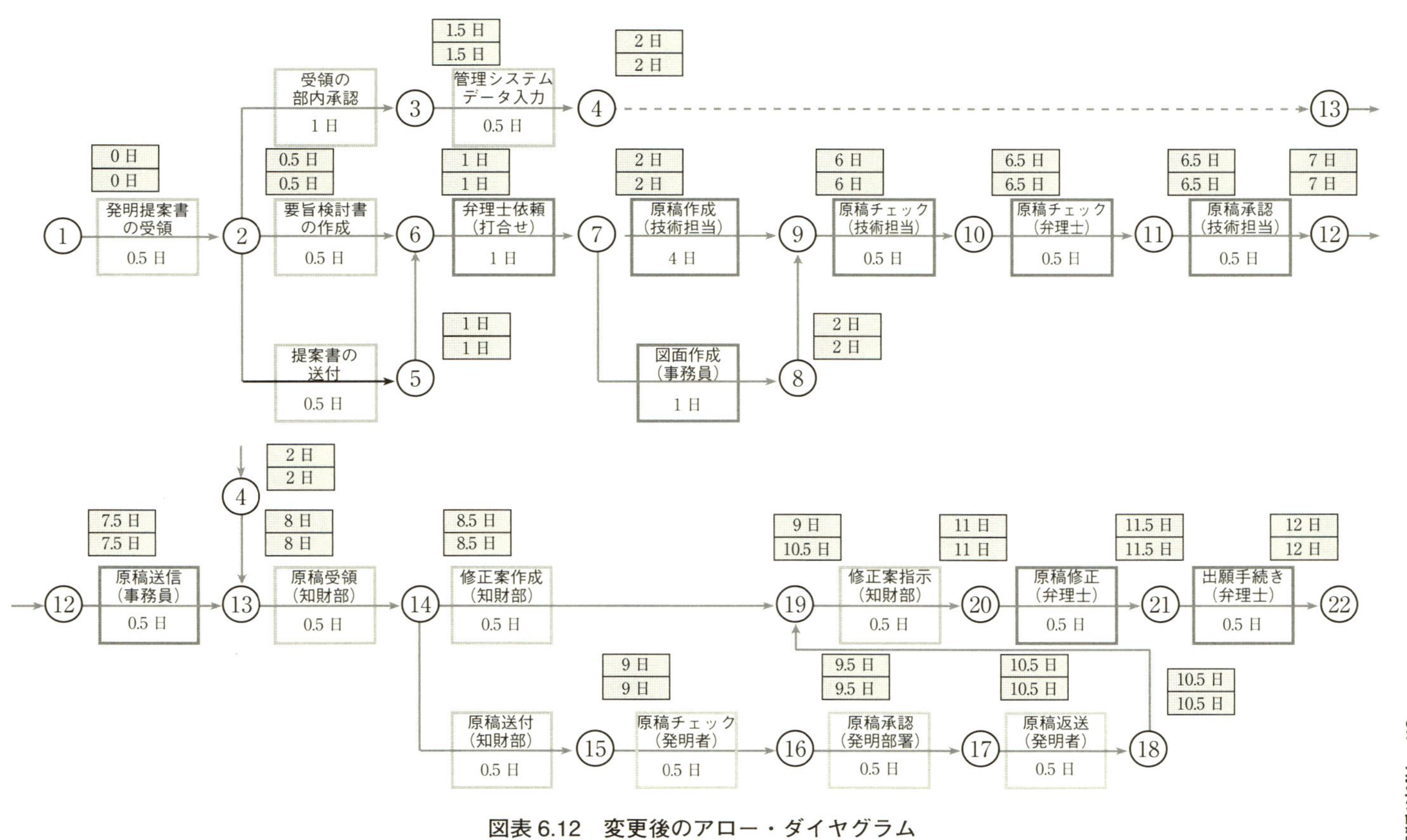


図表 6.12　変更後のアロー・ダイヤグラム

※稼働日のみ

| 案件 | 技術 | 知財担当者 | 発明者 | 弁理士 | 提案書受理日 | 依頼日設定 | 弁理士依頼日 | 原稿受理日 | 原稿チェック発明者 | 原稿修正知財 | 出願日 | 日数 |
|---|---|---|---|---|---|---|---|---|---|---|---|---|
| | クリティカルパスでのありたい姿 | | | | | 0日 | 2日 | 6日 | 2日 | 1日 | 1日 | 12日※ |
| A | | K | T | Ky | 12月25日 | 1月9日 | 1月30日 | 2月27日 | 5月7日 | 6月15日 | 6月16日 | 110日※ |
| | 改善前 | | | | | 5日※ | 20日※ | 20日※ | 43日※ | 70日※ | | 94日※ |
| | 改善後 | | | | | 0日※ | 3日※ | 20日※ | 5日※ | 1日※ | | 29日※ |

| 案件 | 技術 | 知財担当者 | 発明者 | 弁理士 | 提案書受理日 | 依頼日設定 | 弁理士依頼日 | 原稿受理日 | 原稿チェック発明者 | 原稿修正知財 | 出願日 | 日数 |
|---|---|---|---|---|---|---|---|---|---|---|---|---|
| | クリティカルパスでのありたい姿 | | | | | 0日 | 2日 | 6日 | 2日 | 1日 | 1日 | 12日※ |
| B | | K | I | C | 3月11日 | 3月17日 | 4月2日 | 5月25日 | 6月7日 | 7月27日 | 7月28日 | 94日※ |
| | 改善前 | | | | | 5日※ | 20日※ | 20日※ | 43日※ | 70日※ | | 94日※ |
| | 改善後 | | | | | 0日※ | 3日※ | 20日※ | 5日※ | 1日※ | | 32日※ |

図表 6.13　対策案の効果確認

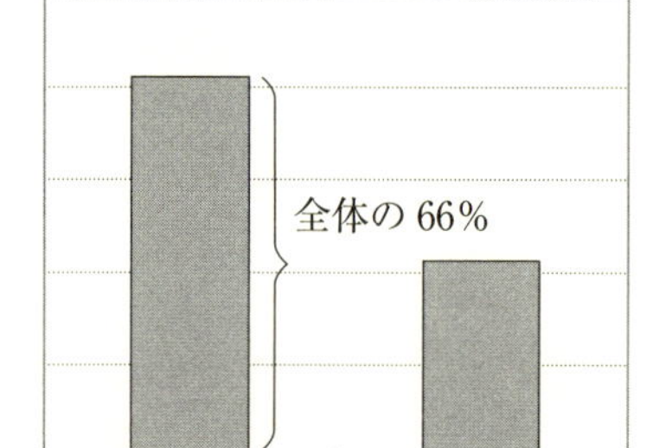


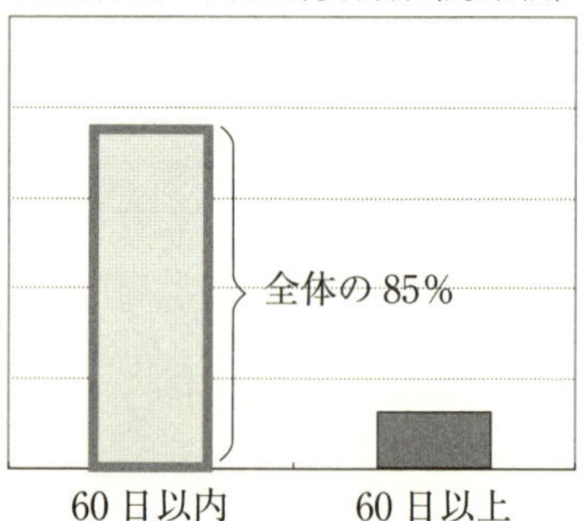


図表 6.14　対策後の基本／周辺特許別の日数目標達成状況

# 第7章

# お客様サービス業務における品質評価手法の見直しについて

実践事例5●関西電力㈱　営業部門

この事例は，関西電力㈱営業部門が，2010年のクオリティフォーラムで発表したものである．

お客様サービス業務は，電話による各種申込みの受付や工事受付，電気料金の検針・集金など，電気事業の土台となるお客様対応を主とした業務である．

処理の誤りや遅延，受付における印象は，直接お客様満足に影響を与える．そのため，経営ビジョンに掲げる「お客様満足No.1企業」を実現していくためには，社内外の環境変化やお客様ニーズの多様化に適切に対応しながら，お客様サービス業務の品質を維持・向上させていかなければならない．

今回の取組みは，お客様サービス業務の質的向上に向け，お客様の声や従業員の声をもとに親和図を用いて現状の問題点を明らかにし，その問題点に対し特性要因図で要因を洗い出し，系統図及びマトリックス図を用いて品質評価手法の見直しを検討した事例である．

## 7.1　関西電力の業務品質評価

お客様サービス業務では，お客様満足(CS)を向上することが，従業員のやる気・やりがい(ES)につながり，さらなるお客様満足に向けた好循環を生み出すものとして，業務品質評価手法を構築，運用している(図表7.1)．

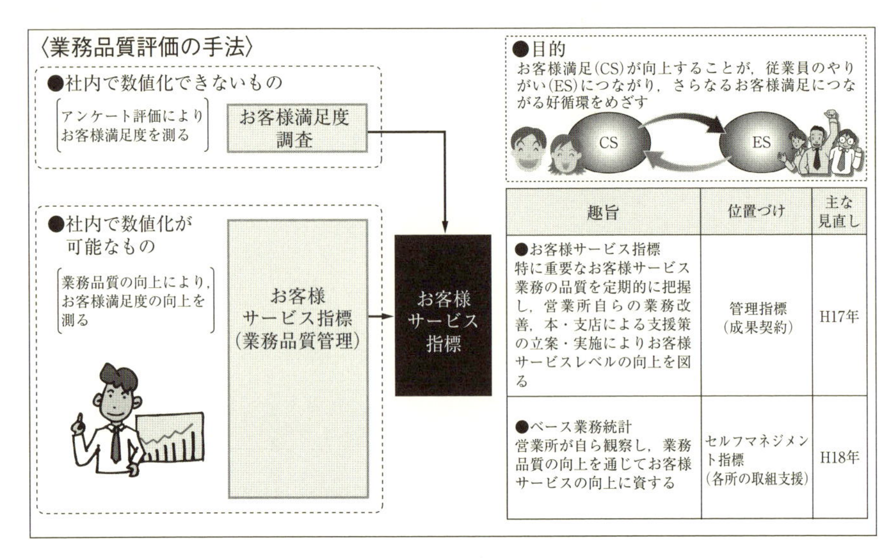


| 趣旨 | 位置づけ | 主な見直し |
|---|---|---|
| ●お客様サービス指標<br>特に重要なお客様サービス業務の品質を定期的に把握し，営業所自らの業務改善，本・支店による支援策の立案・実施によりお客様サービスレベルの向上を図る | 管理指標<br>(成果契約) | H17年 |
| ●ベース業務統計<br>営業所が自ら観察し，業務品質の向上を通じてお客様サービスの向上に資する | セルフマネジメント指標<br>(各所の取組支援) | H18年 |

**図表 7.1　業務品質評価手法**

現状，業務品質評価は，お客様サービス指標とベース業務統計の2つの指標にて行っているが，社内外の環境変化やお客様ニーズの多様化などにより，真にお客様サービスレベルの向上に資するものになっているかの懸念がある．

そこで，社内外の環境変化やお客様ニーズの多様化に適切に対応できる業務品質評価指標について検討を行った．

## 7.2　現状把握

お客様の声と従業員の声から，現在の業務品質評価手法と仕組みについて現状把握を行った．

### 7.2.1　お客様の声

電話での申込み受付や，現場作業時にお客様からお受けする意見・要望を確認した．その結果，処理の遅延や誤り，説明不足，接遇態度に関する内容が多く，現在の評価手法や仕組みでは，指標項目や調査対象となっていない内容のあることが判明した.

### 7.2.2　従業員の声

現状の評価手法などに関し聴き取りを行った．その結果，一定の評価はあるものの，指標項目や目標値，運用ルール，評価方法について，改善要望があることが判明した.

## 7.3　要因の解析

### 7.3.1　親和図による問題点の抽出

現状把握で確認したお客様の声と従業員の声をもとに親和図を作成し，問題点の抽出を行った(図表 7.2).

その結果，現在の評価手法や仕組みでは，お客様の立場からの評価項目になっていないものがあり，お客様満足向上につながっていないおそれがあること，また運用ルールが実態と乖離しているものがあり，従業員のやる気・やりがいや，改善活動に結びついていないおそれがあるといった問題点が抽出された.

### 7.3.2　特性要因図による重要要因の抽出

親和図により抽出した問題点(品質特性)に対し，特性要因図を用いて，「項目」「人」「仕組み」「環境」に分けて，なぜなぜを繰り返し，品質特性に影響していると思われる要因の洗い出しを行った(図表 7.3).

## 7.4　目標の設定

以上の検討を踏まえ，めざすべきゴールを設定した.

【目標】経営環境の変化に対応した管理項目及び目標値を設定し，各所の自発的なお客様サービスレベルの向上活動を促す仕組みを作る.

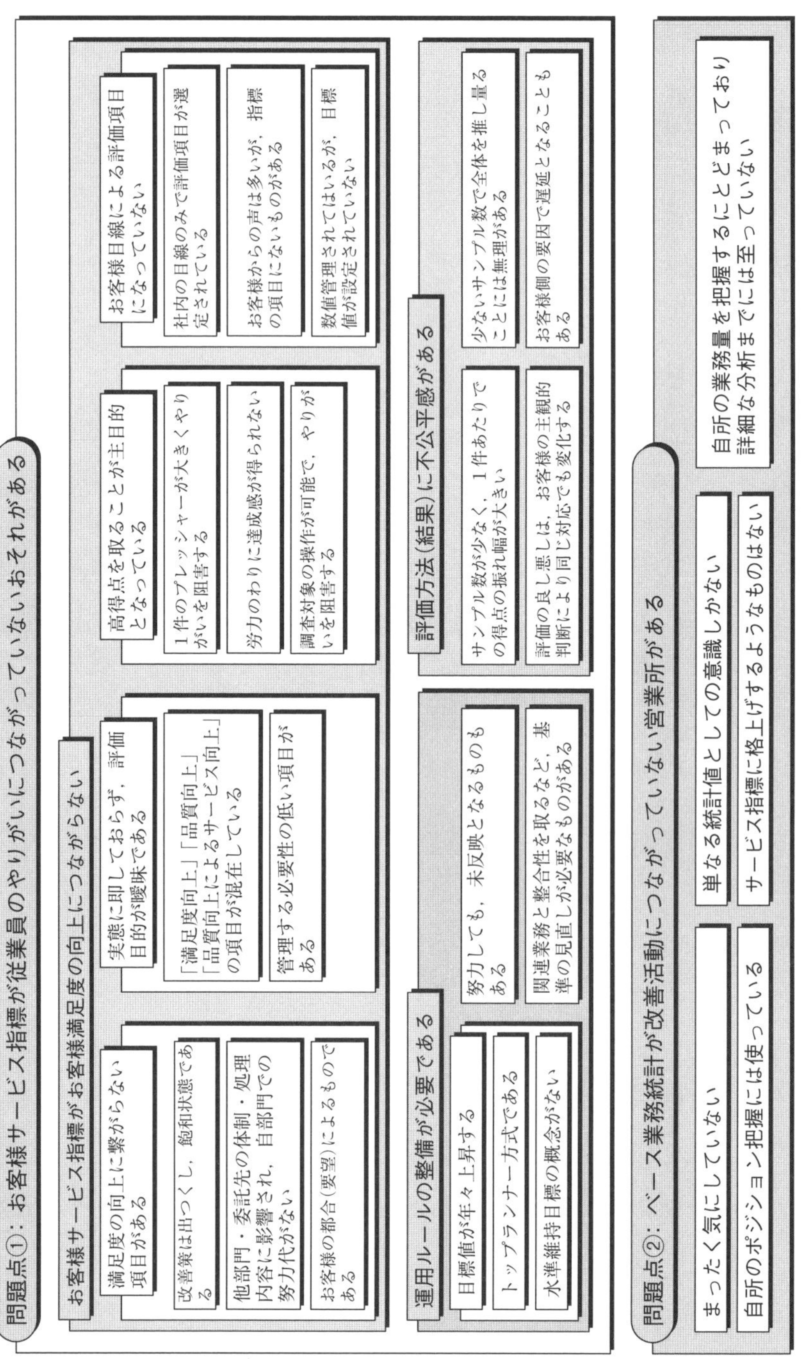


図表 7.2　お客様の声，従業員の声の親和図

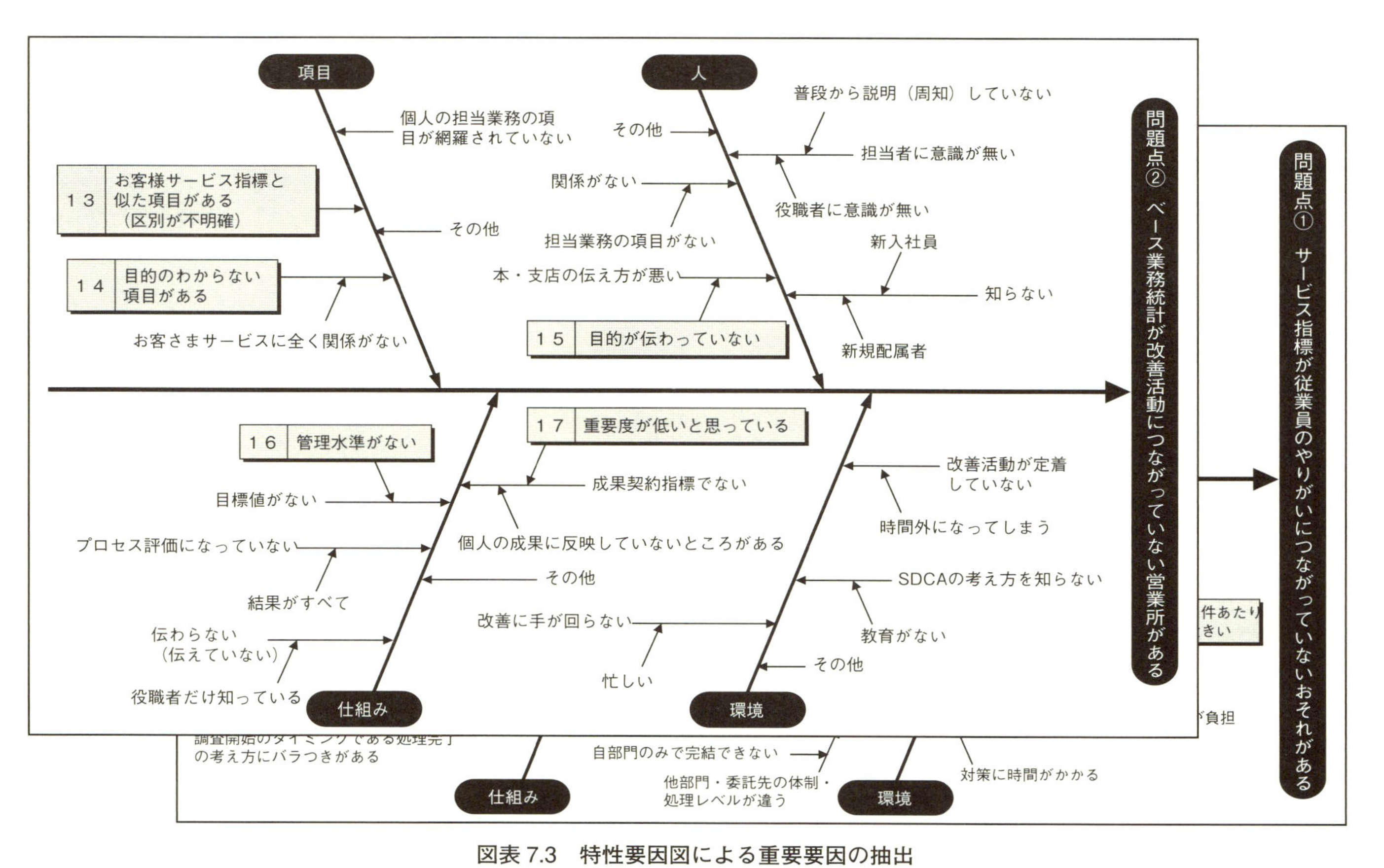


図表 7.3 特性要因図による重要要因の抽出

## 7.5　対策の立案

要因の解析で抽出した重要要因に対し，2つの方向性で対策を検討した．

**(方向性 1)** 数値化が可能なものは，次の視点で「業務品質統計」を整備する．

- ■品質評価する項目と，評価する目的の明確化
- ■めざすべき目標値，管理すべき水準の明確化
- ■環境変化に対応するための運用の整理

**(方向性 2)** 数値化が困難なものは，次の視点で，既存のお客様満足度調査を見直しする．

- ■お客様サービスレベルの向上活動へつながるアンケートの検討
- ■公平性を保つための方策及び調査対象の検討

## 7.6　具体的対策の立案

対策の方向性を踏まえ，マトリックス図を用いて具体的対策を検討した．(図表 7.4)

## 7.7　対策の実施

### 7.7.1　業務品質統計の整備

#### (1)　お客様サービス業務の分解と品質評価方法の決定

お客様サービス業務を，機能展開図(業務系統図)を用いて，220 の項目に分解した(図表 7.5)．

#### (2)　管理すべき項目の決定

従来のお客様サービス指標やベース業務統計での管理に関係なく，管理すべき項目を選定する評価基準を定め(図表 7.6)，詳細検討を行った結果，最終的に 42 の項目を管理項目として抽出した．

| No | 重要要因 | 具体的対策 | 対策 I（業務品質統計） | | | | | | 対策 II（満足度調査） | |
|---|---|---|---|---|---|---|---|---|---|---|
| | | | 業務の洗い出し | 各項目の評価 | 統計区分の整理 | 目標値の設定 | 次年度の準備 | 運用整理 | 調査対象の検討 | 実施方法の検討 |
| 1 | 評価の目的が明確でない | 項目ごとの評価目的の明確化 | ● | ● | | | | | | |
| 2 | 業務変更により不要となる項目がある | 今後の環境変化に対応した評価項目の設定方法の整理 | | | | | | ● | | |
| 3 | ベース業務統計で管理すべき | 管理水準の達成レベルによる統計区分の明確化（維持項目と改善項目の明確化） | | | ● | | | | | |
| 4 | お客様都合等の外部要因によるもの | 外部要因のみであるか否かを確認したうえで，高水準を維持すべき項目として，その位置づけを明確化 | | | | ● | | | | |
| 5 | お客様の声が反映された評価項目になっていない | お客様の目線で，お客様満足の向上に効果のある評価項目を設定 | | ● | | | | | ● | |
| 6 | 数値化できるものから評価項目を選定している | 数値化の可否に関わらず，会社として何を評価すべきかの判断と，数値化できないものの数値化へ向けた検討 | ● | ● | | | ● | | | |
| 7 | 業績報賞は改善のみで，維持は評価されない | 高水準を維持している営業所に対する業績報賞の新設 | | | | | | ● | | |
| 8 | 目標値設定に一定の考え方がない | 実績データにもとづくトップランナー方式を基本ポリシーとした目標値（管理水準）の設定 | | | | ● | | | | |
| | ⋮ | | | | | | | | | |

図表 7.4　マトリックス図による対策の立案

| 基本機能 | 一次機能（分掌業務） | 二次機能（業務内容） | 三次機能（実施事項） | 四次機能 | 旧 | | 新 | No | 業務量 | 単位 | 業務品質等 | | | |
|---|---|---|---|---|---|---|---|---|---|---|---|---|---|---|
| | | | | | ｻｰﾋﾞｽ指標 | ﾍﾞｰｽ業務統計 | 継続新規廃止 | | | | | 量 | 単位 | 算定式 |
| お客様のお役に立つ，より高品質な商品・サービスの創造・提供を行う<br>◆お客様サービス業務の品質をさらに向上させる | 1 お客様からの申し出を受付し，処理する | 1-1 受付をする | | 1-1-1 電話により受付する | ● | | 継 | 1 | 応答件数 | | 電話応答率 | | % | （１）コールセンターなし<br>［（途中放棄件数＋自動応答件数応答件数）／着信件数］×100＝話中率<br>応答率＝100－話中率<br>（２）コールセンターあり<br>［（途中放棄件数＋強制切断件数）／着信件数（EWT）］×100＝話中率<br>応答率＝100－話中率<br>（少数点第２位四捨五入） |
| | | | | | ● | | 継 | 2 | 10秒以内応答件数 | 件 | 10秒以内電話応答率 | | % | 10秒以内電話応答件数／電話応答件数×100<br>（少数点第２位四捨五入） |
| | | | | 1-1-2 インターネットにより受付する | | | 新 | 3 | インターネット受付件数 | 件 | インターネット異動受付率 | | % | インターネット受付件数／受付件数×100<br>（少数点第２位四捨五入） |
| | | 1-2 引越し等の申込みを受付する | 1-2-1 異動内容を確認する | 1-2-1-1 オンライン登録し手配する | | | | 4 | 異動受付件数（異動種類別） | 件 | | ● | | |
| | | | | | ● | | 継 | 5 | 廃止開始同時受付件数 | 件 | 廃止開始同時受付率 | | % | |

図表 7.5　機能展開図（業務系統図）による項目の洗い出し

| | 一次評価 | | | 二次評価 |
|---|---|---|---|---|
| 点数 | お客様満足効果 | 業務品質維持向上 | 影響度 | 実現性 |
| 5 | お客様サービスで行っている，または，お客様満足につながるもの(と考える) | 業務品質向上がお客様満足につながる，または業務品質を維持・向上する必要がある | 全社に波及する(社会的問題につながる，過去に社会問題になった) | 機械で(自動的に)対象を抽出するシステムがある，または，現在の指標・統計で抽出している |
| 3 | どちらとも言えない(と考える) | どちらとも言えない | 個別のお客様に影響する | 機械システムの変更や，ハンドで数値管理する必要がある |
| 1 | 満足につながっていない(と考える) | 必要がない | 影響はほぼない | 集計できない(必要ない)もの |

図表 7.6　管理すべき項目を選定する評価基準

#### (3)　項目ごとの目標値・管理水準の設定

基本的には，法令にもとづくものや，他業種に類似業務があり実績から標準的な管理水準が定められているものはそれを採用し，その他のものについては，過去のデータを散布図やヒストグラムなどで分析し，目標値及び管理水準を設定した(図表 7.7).

#### (4)　達成度合いに応じた統計区分の決定

設定した管理水準と各営業所の実績を比較し，管理水準に達している営業所は現状維持を目標とし，未達の営業所は管理水準の達成を目標として，全営業所の達成度合いに応じ，各項目を業務品質統計の中で区分した．今回作成した業務品質統計区分決定フローを示す(図表 7.8).

### 7.7.2　お客様満足度調査の見直し

お客様サービスレベルの向上につながる有効な評価には以下のようなものがある．

#### (1)　調査対象の見直し

お客様の声の分析結果から，契約時の説明不足に対する不満が存在して

<table>
<tr><th>基本パターン</th><th colspan="2">目標値設定基準の判断</th><th colspan="2">目標値</th><th>管理水準</th></tr>
<tr><td>A</td><td colspan="2">法令に基づく社内基準により管理水準が明確となっているもの</td><td colspan="3">社内基準により定められた数値</td></tr>
<tr><td>B</td><td colspan="2">他業種にも類似業務があり，実績比較が可能で，標準的な品質管理水準が設定されているもの</td><td colspan="3">標準的な品質管理水準として設定された値</td></tr>
<tr><td rowspan="7">C</td><td>優先順位</td><td>目標値設定基準の判断</td><td>目標値</td><td>管理水準</td><td>注意事項</td></tr>
<tr><td>①</td><td>全社 36 所のトップランナー営業所を基準とする</td><td>トップランナー営業所の年間平均値</td><td>目標値から<br>2σのレベル</td><td></td></tr>
<tr><td colspan="5">トップランナーによる管理水準が，現実的でない場合<br>現実的でない場合とは……<br>●基準とした営業所のみが管理水準内に位置している場合<br>●過去の実績において管理水準内に一月も実績がない営業所が存在する場合</td></tr>
<tr><td>②</td><td>全社 36 所の２番目の営業所を基準とする</td><td>２番目の営業所の年間平均値</td><td rowspan="3">目標値から<br>2σのレベル</td><td rowspan="4">②～④の順に検討し，管理水準が現実的であるか否かを判断<br>ただし，②～④による管理水準が⑤を下回る場合は⑤とする</td></tr>
<tr><td>③</td><td>全社 36 所の３番目の営業所を基準とする</td><td>３番目の営業所の年間平均値</td></tr>
<tr><td>④</td><td>分母となる業務量の平均に位置する営業所を基準にする</td><td>平均の営業所の年間平均値</td></tr>
<tr><td>⑤</td><td>全営業所の年間平均値を基準にする</td><td colspan="2">全営業所の年間平均値</td></tr>
</table>

図表 7.7　目標値及び管理水準設定の考え方

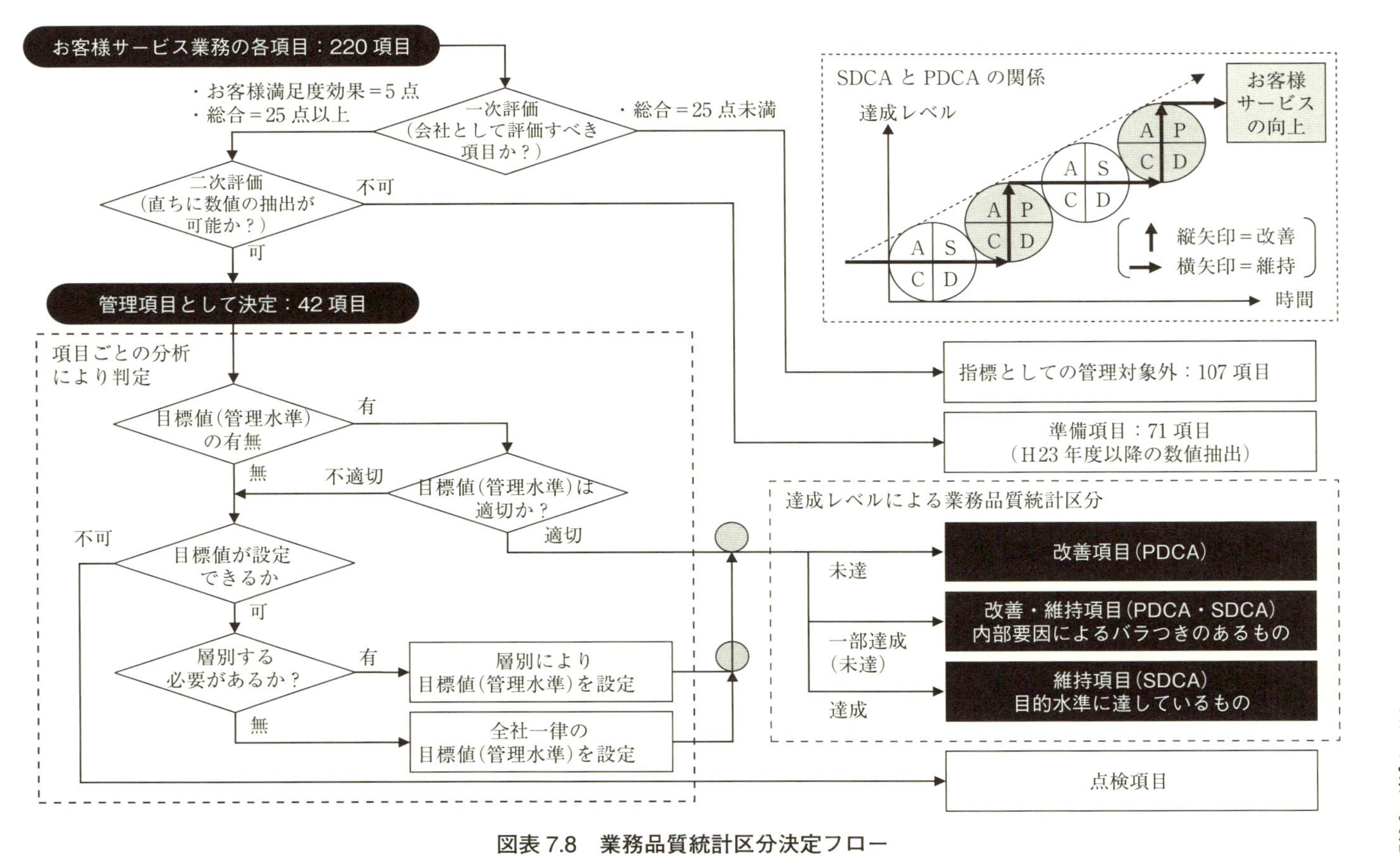


図表 7.8　業務品質統計区分決定フロー

| 変更案 | 検討事項 | | | | 評価 |
|---|---|---|---|---|---|
| | アクセス・回収率 | データ信頼度 | 質問数 | コスト | |
| Web パソコン 携帯電話 | パソコン＝中<br>携帯電話＝低い<br>（いずれも対象が限定） | パソコン＝高<br>携帯電話＝低 | パソコンは充実．<br>携帯電話は質問数に限りがあり，改善につなげることが困難 | パソコン＝微増<br>携帯電話＝微減 | × |
| 郵送 封書 ハガキ | 封書＝高<br>ハガキ＝高<br>（対象に限定なし） | 封書＝高<br>ハガキ＝高 | 封書は充実．<br>ハガキは質問数に限りがあり，改善に繋げることが困難 | 封書＝微増<br>ハガキ＝微増 | 封書＝○<br>ハガキ＝× |
| Webと郵送の組合せ | 郵送に偏りが生じる | 質問数の違いなどにより，回答にブレが生じる | | 倍増 | × |

図表 7.9　お客様満足度調査方法の見直し

いたことと，今後ご契約いただくお客様の声を重視すべきという判断から，新たに契約開始申込みを調査対象とすることとした．

#### (2)　実施方法の見直し

従業員の声の分析結果から，調査担当者の印象や架電タイミングなどが評価に影響する可能性があることから，お客様自身の都合によりアンケートに回答できるよう検討し，アクセス・回収率，データ信頼度などの観点で評価し，郵送で調査とすることとした(図表 7.9)．

### 7.7.3　運用の整理

お客様からの直接的な評価である「お客様満足度調査」と，業務品質の向上を通じて間接的にお客様満足度の向上につながる「業務品質統計」のうち，「改善項目」と「改善・維持項目」から選定したものを合成して「お客様サービス指標」とした(図表 7.10)．

また，定期的に業務品質統計などの見直しを行うために，関係する部署の役割を明確にするとともに，マニュアルとして整備した．

## 7.8　効果確認と今後の取組み

事業環境の変化やお客様の立場に立った評価方法に見直しを行い，お客

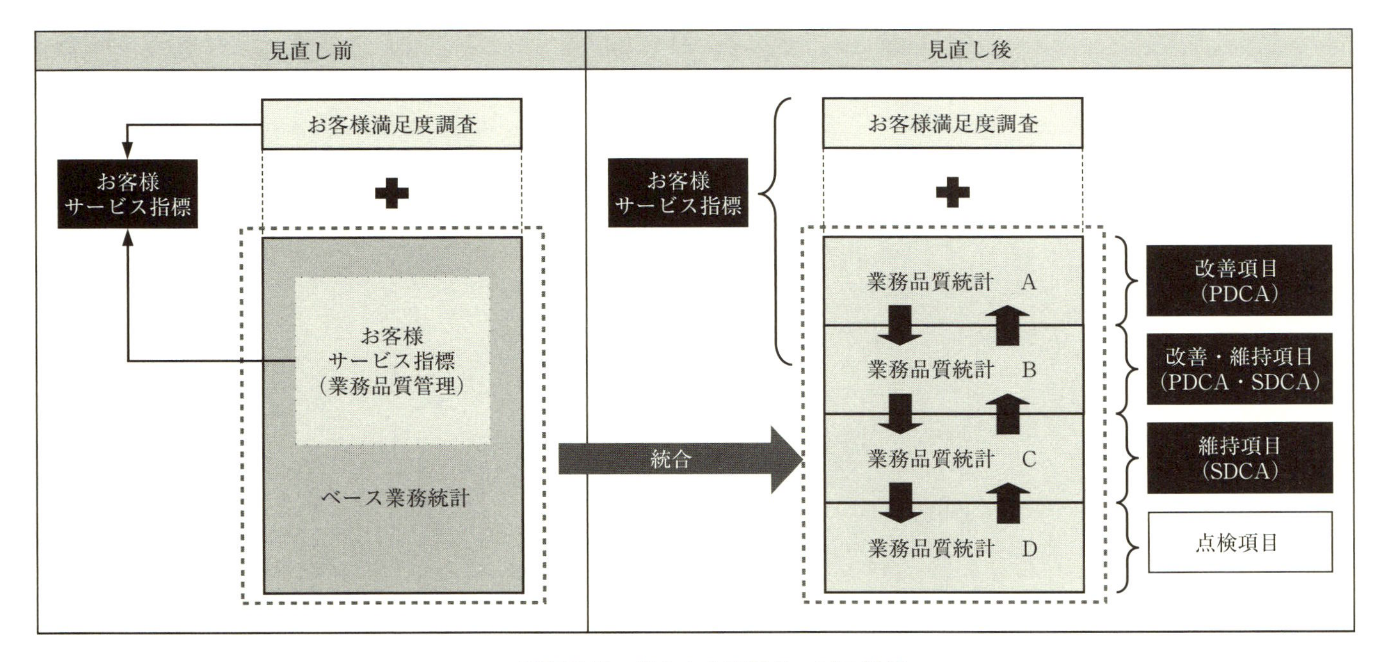


図表 7.10 新たなお客様サービス指標

様満足の向上や従業員のやる気・やりがい，自発的な改善活動の促進につながる仕組みを構築することができたと考えている．今後も，PDCA のサイクルをしっかりと回し，お客様サービス業務の質的向上を図っていく．

# 第8章

# ライフサイクルコスト分析による電柱仕様と運用の最適化

実践事例6●関西電力㈱　ネットワーク技術部門

## 8.1　関西電力ネットワーク技術部門

ネットワーク技術部門の使命は，関西全域を網羅する配電設備の信頼性を確保し，電力の安定供給を通じて，お客様のニーズにお応えし快適な生活をお届けすることである．一方，高度経済成長期における電力需要の高まりにともない拡充された配電設備は，近年の電力需要の伸びの鈍化にともなう設備更新機会の減少により高経年化が進展しており，将来，大量の設備が更新時期を迎えることとなる．

ネットワーク技術部門では，この更新機会を，設備形態を抜本的に見直す大きなチャンスと捉えており，今から将来の設備像の検討を始めることが重要である．

## 8.2　テーマの選定

配電設備は，設備の根幹である電柱をはじめ，電線・開閉器・ケーブル・変圧器などで構成される．電柱を除く各設備は，将来の設備像について，安全を最優先にさまざまな観点から検討を開始している．電柱については，高経年設備が増加傾向にあり（図表8.1），今後改修物量の増加が懸念されるため，将来に向けた電柱の仕様や運用方法について検討を進めて行く必要がある．

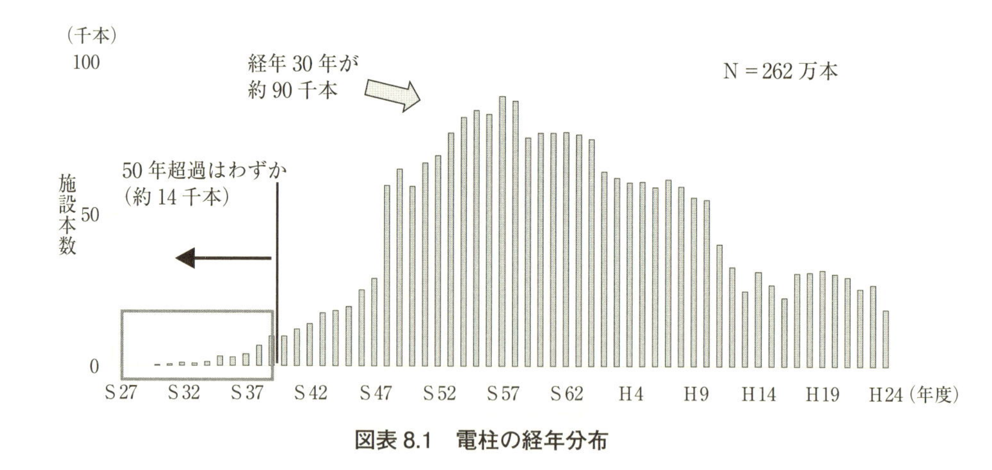


図表8.1　電柱の経年分布

### 8.2.1　電柱の仕様

電柱には用途に応じてさまざまな種類がある(図表8.2).

主力の電柱であるコンクリート柱(以下,「長尺柱」)は安価であり，さまざまなケースで使用できるよう，丈尺・テーパ・型により分類される33のラインナップがある．その他，2分割構造の2本継コンクリート柱(以下,「2本継コン柱」)や，鋼管で構成され，3～4分割構造の組立鋼管柱などがある．

### 8.2.2　電柱のライフサイクル

図表8.3に電柱のライフサイクルを示す．メーカーで製造された電柱は，設計にもとづく資材手配により電柱置場に運搬され，一旦保管される．そこから施工現場に運搬されて建柱され，数十年にわたって施設される．巡視で不良が発見された電柱は，建替工事により抜柱され，電柱置場に運搬される．その後，戻入判定の結果，良品と判定されたものは再用され，それ以外のものは不再用となり産廃処理される．

図表8.4に電柱のライフサイクル工程別のコストと年度推移を示す．平成23年度実績は237千円/本となっており，ライフサイクルコストは年々増加傾向にある．

| 種類 | コンクリート柱（長尺柱） | | 2本継コンクリート柱（2本継コン柱） | 鋼管コンクリート複合柱 | 組立鋼管柱 | 着色コンクリート柱 | | 木柱 |
|---|---|---|---|---|---|---|---|---|
| 特徴 | 主力の電柱 | | 2分割構造<br>長尺柱が搬入・建柱できない箇所に使用 | 3～4分割構造<br>下部はコンクリート，上部は鋼管で構成 | 3～4分割構造<br>すべて鋼管で構成 | 景観対策箇所に限定 | | 過去標準的に使用 |
| 丈尺 | 9～17m | 12～17m | 12m，14m，16m | 11m～14m | 13m，15m，16m | 9～17m | 12～17m | 7～17m |
| テーパ | 1/75 | 1/100 | 上部：1/100<br>下部：なし | — | — | 1/75 | 1/100 | |
| 型（強度） | A～E型 | A～C型 | A型，B型，C型 | A型 | B型，B型，C型 | A～F型 | A～C型 | 材質によりさまざま |
| 重量（標準的な電柱） | 1,140kg（14m　B型） | | 上部535kg<br>下部695kg<br>（14m　B型） | 475kg（14m　A型） | 537kg（15m　B型） | 1,140kg（14m　B型） | | |
| 地際径（標準的な電柱） | 345mm（14m　B型） | | 260mm（14m　B型） | 216mm（14m　A型） | 225kg（15m　B型） | 345mm（14m　B型） | | |
| コスト（コンクリート柱を1とした場合） | 1 | | 3 | 2.5 | 4.5 | 2 | | — |
| ラインナップ | 33 | | 33 | 4 | 3 | 16 | | — |

図表 8.2　電柱の種類

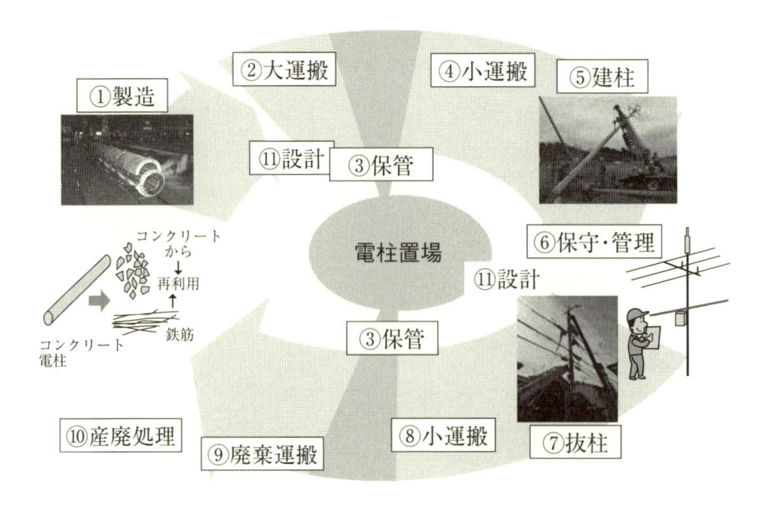


図表 8.3　電柱のライフサイクル

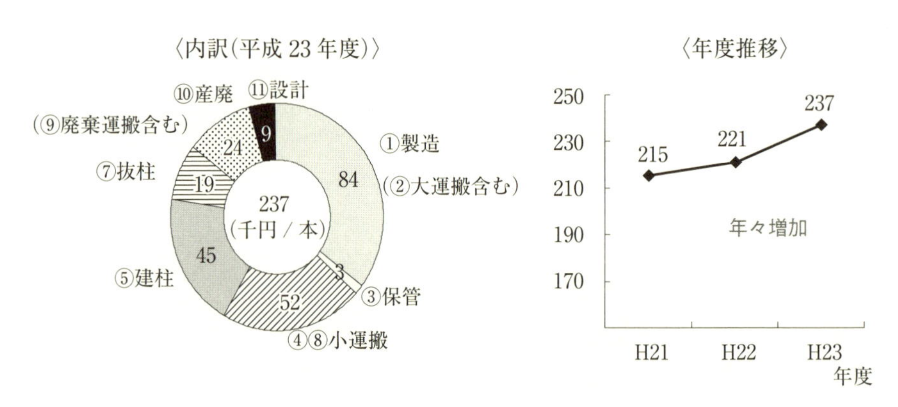


図表 8.4　電柱のライフサイクルコスト

## 8.2.3　テーマの選定

今後増加する高経年設備への対応として，将来を見据えた設備の検討が必要となる．また，今後もライフサイクルコストの増加が懸念されるため，コスト削減を図る必要がある．

そこで本取組みでは，想定される環境変化から将来の電柱に対するありたい姿を明確化し，ライフサイクルコスト分析により，最適となる電柱の仕様と運用について検討する．

# 8.3　将来像の想定とありたい姿の明確化

## 8.3.1　将来の環境変化の想定

配電設備のありたい姿を明確にするため，将来(2050 年時点)の環境変化を外部環境と内部環境に大別して想定した．外部環境・内部環境ともに厳しくなることが想定され，配電設備についても将来に合った設備へ変えていく必要がある．

## 8.3.2　将来の電柱に対するありたい姿の明確化

想定した環境変化から，設備や工事に要求される事項を抽出し，将来の電柱に要求される事項(ありたい姿)を描いた(図表 8.5)．

## 8.3.3　ありたい姿の実現に向けた課題の明確化

PDPC 法により，将来の電柱に対するありたい姿の実現に対して想定される課題を抽出し，検討項目を導き出した(図表 8.6)．

| | 環境変化 | 将来の電柱に要求される事項(ありたい姿) |
|---|---|---|
| 外部環境 | 低炭素社会への意識の高まり | (C－1)寿命を迎えるまでは再利用できること<br>(T－1)撤去再用品が滞留なく使用できていること |
| | 供給信頼度向上に対するニーズの高まり | (Q－1)長期的に信頼性(強度などの性能)を保てること |
| | 作業環境の変化 | (Q－2)可能な限り支障とならない形状でお客さまに理解を得やすいこと |
| | | (Q－3)運搬規制の制約を受けないこと |
| | | (Q－4)共架設備が増加しても容易に建柱・抜柱ができること |
| 内部環境 | 供給工事から改修工事へウエイトが移行 | (Q－1)長期的に信頼性(強度などの性能)を保てること |
| | 収支の悪化 | (C－2)安価に工事できること(資材費・工費)<br>(T－2)保管にマンパワーを要しないこと |
| | | (Q－5)保守・管理精度が維持できること<br>(T－3)保守・管理にマンパワーを要しないこと |
| | 改修工事の増加 | (C－2)安価に工事できること(資材費・工費) |
| | 公衆保安の確保 | (Q－1)長期的に信頼性(強度などの性能)を保てること<br>(Q－2)可能な限り支障とならない形状であること |
| | 従業員の減少 | (Q－6)高度な技能を必要とせずに建柱・抜柱できること |
| | 将来設備への移行 | (Q－7)配電設備の将来像に対応できること |

図表 8.5　将来の電柱に要求される事項

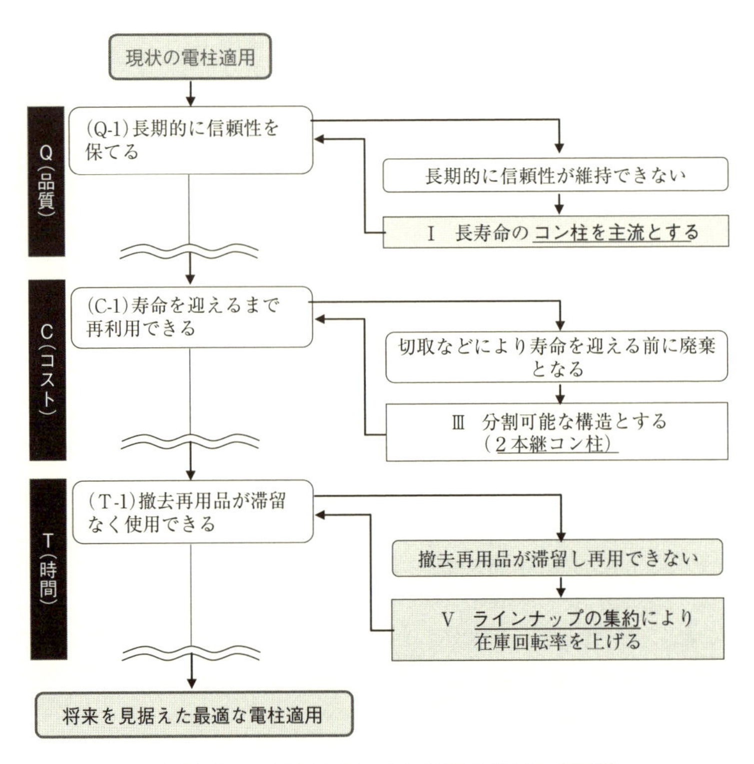


図表 8.6　PDPC 法による課題の明確化（抜粋）

将来の電柱に要求される事項を Q(品質)，C(コスト)，T(時間)に整理し，Q を満足することを前提とし C と T を改善する考え方で方策を検討した．

将来の電柱に要求される事項と抽出した方策を T 型マトリックスで整理し，要求される事項と抽出した方策が関連づけられることを確認した(図表 8.7)．

| C(コスト)・T(時間) / Q(品質) ＼ 方策 | Ⅰコン柱を主流としたラインナップ | Ⅱスリムタイプの電柱を主流としたラインナップ | Ⅲ2本継コン柱を主流としたラインナップ | Ⅳ保守・管理制度向上の取組み | Ⅴラインナップ集約 | Ⅵ製造工程の短縮 | Ⅶ効率的な運搬 | Ⅷ簡単で早い施工 | Ⅸ電柱置場の効率的な運用 |
|---|---|---|---|---|---|---|---|---|---|
| (C－1)寿命を迎えるまで再利用できる | | | ○ | | ○ | | | | |
| (C－2)安価に工事ができる | | | ○ | | ○ | ○ | ○ | ○ | |
| (T－1)撤去再用品が滞留なく使用できる | | | | | ○ | | | | |
| (T－2)保管にマンパワーを要しない | | | | | ○ | | | | ○ |
| (T－3)保守・管理にマンパワーを要しない | | | | ○ | | | | | |
| (Q－1)長期的に信頼性を保てる | ○ | | ○ | | | | | | |
| (Q－2)形状に関してお客さまの理解を得やすい | | ○ | ○ | | | | | | |
| (Q－3)運搬規制の制約を受けない | | | ○ | | | | ○ | | |
| (Q－4)共架設備が増加しても容易に建柱・抜柱ができる | | | ○ | | | | | ○ | |
| (Q－5)保守・管理精度が維持できる | | | | ○ | | | | | |
| (Q－6)高度な技能を必要とせずに建柱・抜柱できる | | | ○ | | | | | ○ | |
| (Q－7)将来設備に対応できる | | | | | ○ | | | | |

図表 8.7　将来の電柱に要求される事項と抽出した方策

## 8.4　目標の設定

抽出した方策の実施による電柱のライフサイクルコストの変化を想定したところ，方策の実施によりコスト増加が見込まれる工程がある(図表8.8).

コスト増減を踏まえ，本取組みの目標として，電気料金改定の査定において指示のあった「資材調達費の 10%削減」に鑑み，平成 23 年度実績からライフサイクルコストの 10%削減を設定した.

（凡例）　↗：コスト増加見込み　↘：コスト減少見込み

| 方策＼工程 | ①製造 | ②大運搬 | ③保管 | ④・⑧小運搬 | ⑤建柱 | ⑦抜柱 | ⑨廃棄運搬 | ⑩産廃処理 | ⑪設計 |
|---|---|---|---|---|---|---|---|---|---|
| Ⅰ コン柱を主流としたラインナップ | Ⅲに包含されるため検討省略 | | | | | | | | |
| Ⅱ スリムタイプの電柱を主流としたラインナップ | Ⅲに包含されるため検討省略 | | | | | | | | |
| Ⅲ 2本継コン柱を主流としたラインナップ | ↗ | ↘ | | ↘ | ↘ | ↘ | ↘ | ↘ | ↘ |
| Ⅳ 保守・管理精度向上の取組み | 検討に必要なデータ蓄積に取組み中 | | | | | | | | |
| Ⅴ Vラインナップ集約 | ↘ | | ↘ | | | | | | |
| Ⅵ 製造工程の短縮 | ↘ | | | | | | | | |
| Ⅶ 効率的な運搬 | | ↘ | | | | | ↘ | | |
| Ⅷ 簡単で早い施工 | | | | | ↘ | ↘ | | | |
| Ⅸ 電柱置場の効率的な運用 | | | ↘ | ↗ | | | | | |

図表 8.8　抽出した方策とライフサイクル工程との関連

## 8.5　対策の検討と効果把握

各方策をライフサイクル工程別に現状分析し，実施すべき対策を検討する．また，対策を実施した場合の効果の把握を行う．

### 8.5.1　製造

現在，2本継コン柱は長尺柱と比較して約3倍の価格となっている．これは，部材費と加工費が増加するためである．部材費の増加は，上部と下部を接続するフランジ部があることや，鉄筋が多いためである．また，加工費の増加は，鉄筋加工が手作業(長尺柱は自動化)となっていることや，他の工程に上部と下部の2本分の加工時間がかかるためである(図表8.9)．

2本継コン柱の加工時間短縮について改良策を検討した．まず鉄筋加工については，将来の大量生産に対応できるよう，自動編成化を行う．2本分の加工時間を要している工程のうち，型枠組立・鋼線緊張・脱型は現行設備では時間短縮が困難であるが，コンクリート注入・遠心力締固・蒸気養生は，2本同時に加工できるようメーカーと協調して見直しを行う（図表8.10）.

これらの改良策を実施することで，2本継コン柱の製造時間を約半分に短縮することができる．長尺柱と同等の製造工程となり加工費が下がるため，370百万円/年のコスト削減が可能となる.

| 工程 | a. 鉄筋加工（切断・組立） | b. 型枠組立 | c. 鋼線緊張 | d. コンクリート注入 | e. 遠心力締固 | f. 蒸気養生 | g. 脱型 | （気中養生） | 計（気中養生を除く） |
|---|---|---|---|---|---|---|---|---|---|
| | 非常緊張材とらせん筋を組立，その中に緊張鋼材を通して両端を緊張プレートにアンカーする | 組立た鉄筋を鋼材2つ割の下型枠に納め，上型枠でフタをして，ボルトで締め付ける | コン柱に圧縮力を与えるため，緊張鋼線を引張る | コンクリート注入管でコンクリートを注入する | 遠心力で締固め成形する | 60～90℃の蒸気で，コンクリート強度を早期に発現させる | 蒸気養生後に型枠を脱型 | 所定のコンクリート強度ができるまで気中養生 | |
| 長尺柱 | 25分 | 10分 | 3分 | 3分 | 3分 | 480分 | 5分 | （14日） | 532分 |
| 2本継コン柱 | 60分 | 20分 | 6分 | 6分 | 12分 | 960分 | 10分 | | 1074分 |

図表8.9　製造工程の比較

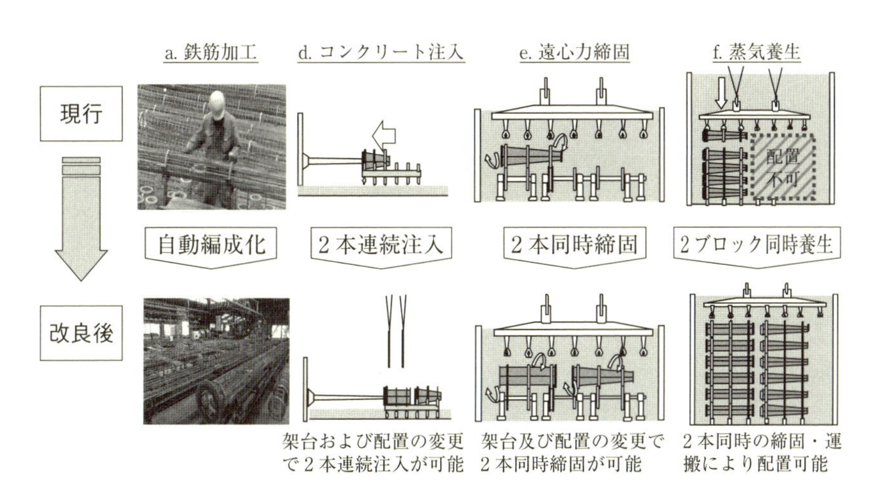


図表8.10　製造工程の比較

なお，改良策の実施には，ライン新設など，製造工場の変更が必要であることから，2本継コン柱全面導入時期を見きわめて進めていく必要がある．

### 8.5.2　大運搬・廃棄運搬

大運搬とは，メーカーで作られた電柱を工場から電柱置場へ運搬することであり，廃棄運搬とは，抜柱後，再用不可と判定された電柱を，電柱置場から産廃処理場へ運搬することである．

現在，大運搬と廃棄運搬は別々に実施しており，それぞれ片道は空荷であり，非効率な運用となっている．

また，最大17mある長尺柱の運搬は，通常，車長12mトラックを使用する．車長もしくは積荷の長さが12mを超過する場合は，特殊車両通行許可が必要となり，運搬車両の前後に誘導車を配備するため，運搬費用が増加する．

運搬の効率化を図るため，運搬契約体系の見直しを検討した(図表8.11)．大運搬と廃棄運搬が別々に実施されている理由は，大運搬・廃棄運搬の契約が，それぞれ新品電柱の購入と，産廃処理に含まれているためである．その対策として製造・運搬・産廃処理を，3つの契約に再編することで運搬業務を一元化し，空荷となる区間の減少を図る．

また，誘導車の配備は2本継コン柱を主流としたラインナップにより回避できる．2本継コン柱は，分割した長さが12mを超過せず，特殊車両通行許可が不要となるためである．

運搬契約の見直し，2本継コン柱を主流としたラインナップにすることにより，228百万円/年のコスト削減が可能となる．

### 8.5.3　保管

現在，工事に使用する電柱は，新品・撤去品ともに50カ所の電柱置場に保管されている．

電柱置場の在庫状況を確認すると，約85日分相当の在庫を保有している．納入に要する期間などを考慮すると，工事に支障をきたさないために

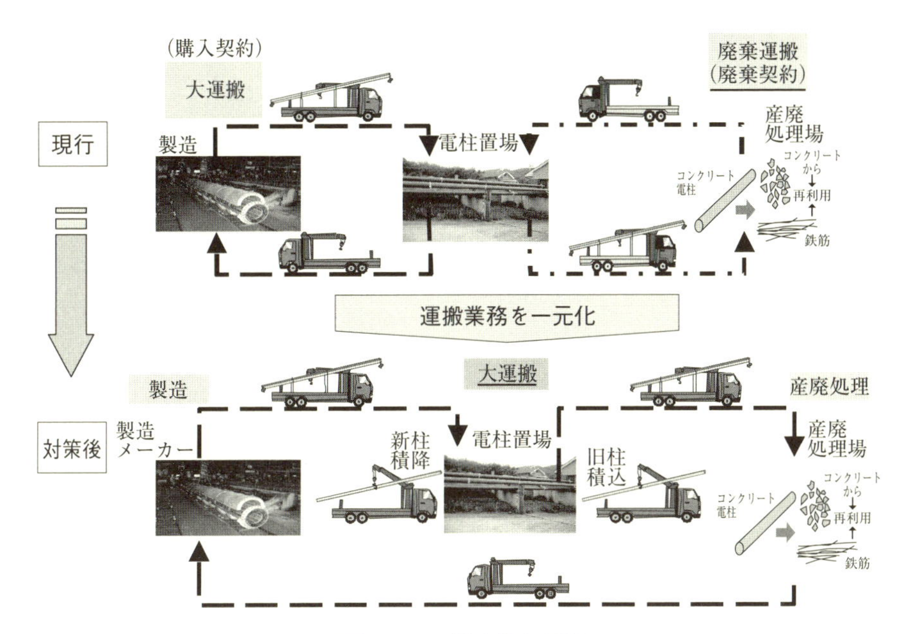


図表 8.11 効率的な運搬

必要な在庫は 15 日分相当であることから，現在の在庫は過剰である．

在庫回転率を(1)式と定義すると，適正な在庫回転率は 2.0 前後となる．

$$在庫回転率 = \frac{月間建柱本数}{在庫本数} \tag{1}$$

種類・ラインナップ別の在庫回転率を確認すると，平均は 0.35 と総じて低く，種類・ラインナップによっては著しく低いものがある(図表 8.12)．

また，図表 8.13 に示すとおり，建柱本数と在庫回転率には正の相関関係があり，在庫回転率が低いものほど建柱本数が少ない．

そこで，建柱本数が多い丈尺・型へのラインナップ集約により，在庫回転率の向上及び保管在庫の減少を図ることとした．

現状の使用実態を単純に集約すると，オーバースペックに集約されコストアップになる．最適なスペックを見極めるために，設計書調査により補正する．設計書の調査には，第 40 回実務スタッフコースにて制定された

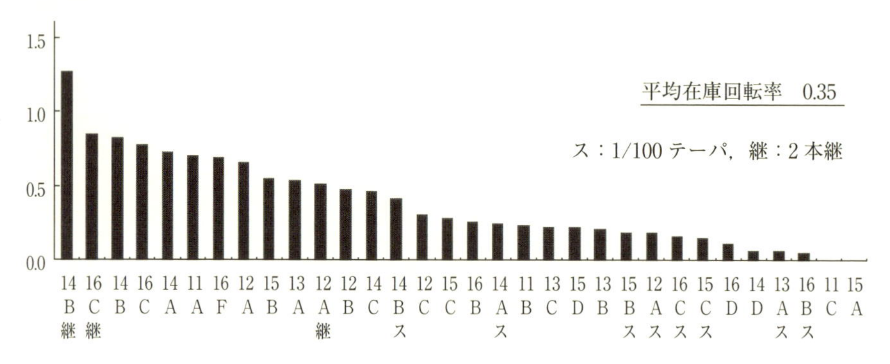


図表 8.12　在庫回転率

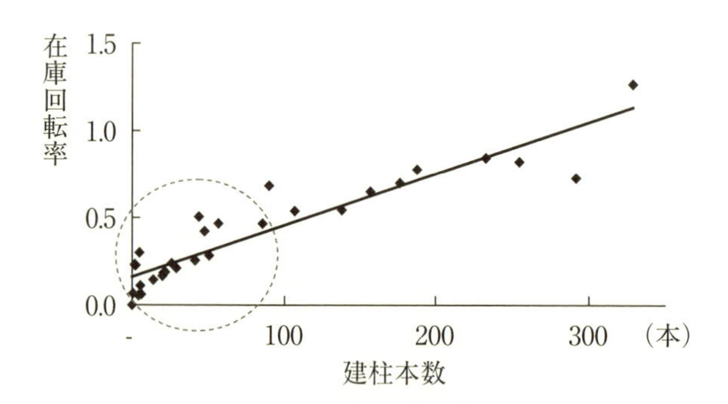


図表 8.13　建柱本数と在庫回転率の散布

計算ツールを活用し，使用電柱の丈尺型の妥当性を確認した．

電柱の丈尺・型は電柱に施設する電線や機器(装柱)で決まるため，調査した電柱を，「低圧柱」「高圧 1 回線 + 変圧器 + 低圧」「高圧 2 回線 + 変圧器 + 低圧」の装柱パターンごとに層別し，ラインナップ集約を行ったところ，12A，14B，16C，16F の 4 種への集約が可能となった(図表 8.14)．

ラインナップ集約後の平均在庫回転率は 2.0 に向上し，電柱置場の保管在庫が減少する(図表 8.15)．

ラインナップ集約によるコスト削減効果を確認した．

電柱置場の保管在庫が減少するため，電柱置場の統合による電柱置場の効率的な運用を検討した．改修物量が増加する時点の入出庫本数と，近接する電柱置場との距離を評価項目とし，統合が効率的と想定される電柱置

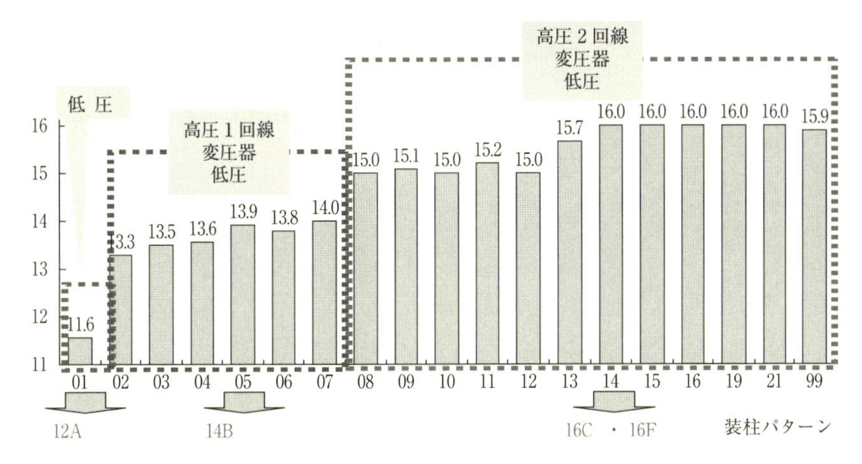


図表 8.14 ラインナップの集約

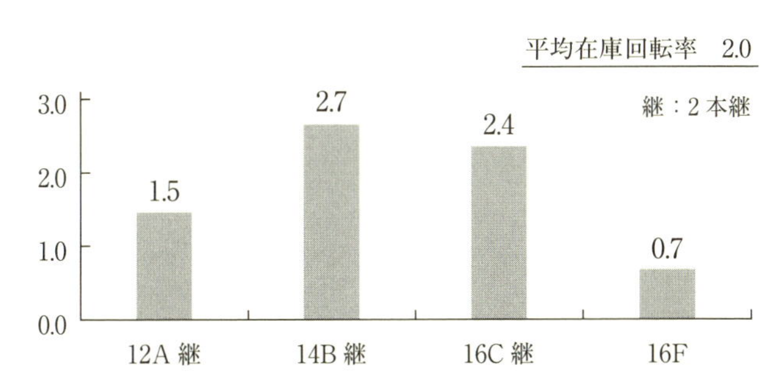


図表 8.15 ラインナップ集約後の在庫回転率

場を抽出した．保管在庫が減少しているため，改修物量が最大となる時点の入出庫本数で評価すると，抽出した 7 カ所の電柱置場のうち，6 カ所の電柱置場の統合が可能となる．電柱置場の統合にともなって増加する工事現場までの小運搬費用(小運搬については，8.5.5 項に記載)を考慮しても，10 百万円 / 年のコスト削減が可能となる．

また，ラインナップ集約により，製造工程においてもコスト削減効果がある．必要な型枠数が 4 種に減少することや，製造品目を変更する際の機器のセッティング作業が減少することにより，51 百万円 / 年のコスト削減が可能となる．

### 8.5.4　建柱・抜柱

共架設備の増加にともない，長尺柱の施工が困難な現場が増加している．共架が輻輳している環境では，長尺柱の抜柱ができないため，抜柱工事の際には，追加工事として，切取による分割抜柱にて対応している．

２本継コン柱を主流としたラインナップにすることにより，共架が輻輳した箇所でも工事が可能となり，抜柱時の追加費用が不要となる．

建柱・抜柱工事の作業時間を確認すると，建柱工事では長尺柱と２本継コン柱に差は見られず，抜柱工事では２本継コン柱の方が短くなる(図表8.16)．

以上の確認結果から，２本継コン柱を主流としたラインナップにすることにより，抜柱工事における切取りが不要となり，152 百万円 / 年のコストが削減できると共に，作業時間の短縮を図ることができる．

なお，建柱工事においても，将来的には，共架設備の増加により，長尺柱の建柱が困難な箇所が増加するため，２本継コン柱の優位性がさらに高まると考えられる．

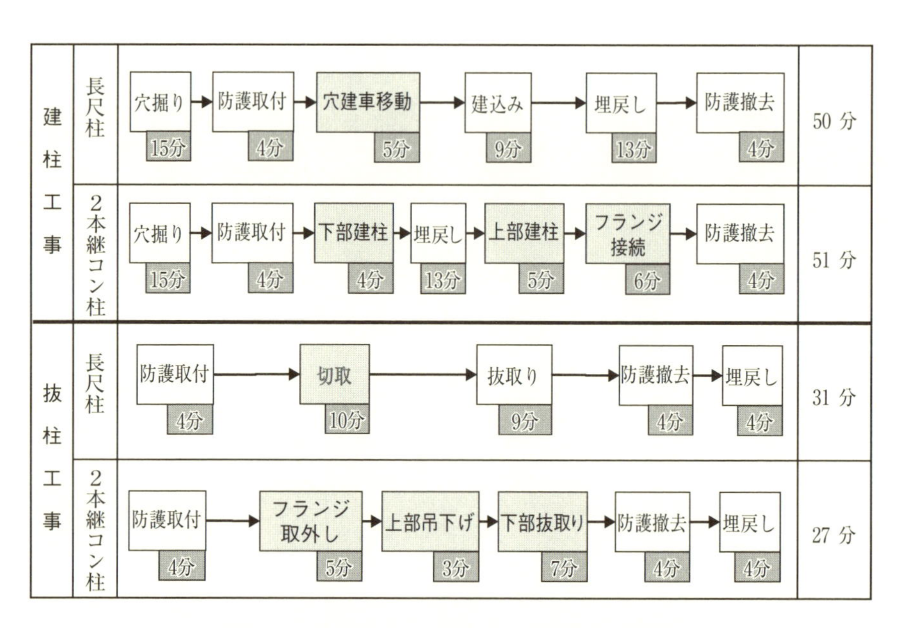


図表 8.16　長尺柱と２本継コン柱の作業時間検証

### 8.5.5　小運搬

小運搬とは電柱置場にある電柱を工事に合わせて各工事現場まで運搬することである．大運搬・廃棄運搬と同様，長尺柱を運搬する必要があるため，車両制約や誘導車費用が発生している．

2本継コン柱を主流としたラインナップにすることにより，車両の小型化が図れ，誘導車が不要になるため，216百万円/年のコスト削減が可能となる．

### 8.5.6　産廃処理

撤去した電柱のうち再用できないものは産廃処理を行う．再用の可否は電柱の戻入判定フローによって破損・折損・亀裂・変形・切取などの有無を確認し，決定される．

不再用理由の内訳を見ると，抜柱時の切取が32%と多くの割合を占めている．切取は共架物輻輳や運搬制約が主な要因である(図表8.17)．2本継コン柱を主流としたラインナップにすることにより，撤去時の不要な切取が削減できる．これにより，98百万円/年のコスト削減が可能となる．

### 8.5.7　設計

設計では，現場調査を行い，最適な「建柱位置」「電柱丈尺・型」の選定を行う．また，用地交渉や現場確認の結果，当初予定していた工事内容が施工困難となった場合は設計変更を行う．すべての設計変更のうち，電柱に関わるものは，建柱工事における電柱種別変更が9%，抜柱工事における切取工事への変更が7%ある．

2本継コン柱を主流としたラインナップにすることにより，電柱種別変更においては「お客様からの細い電柱要望」，切取変更においては「共架物輻輳」などの設計変更を回避することができる(図表8.18)．その結果，設計変更が11%減少し，18百万円/年の設計変更に要する人件費の削減が可能となる．

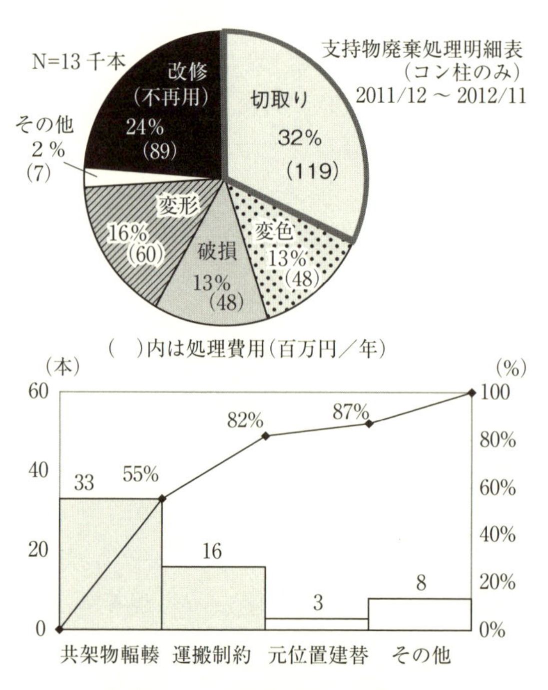


図表 8.17　不再用理由・内訳

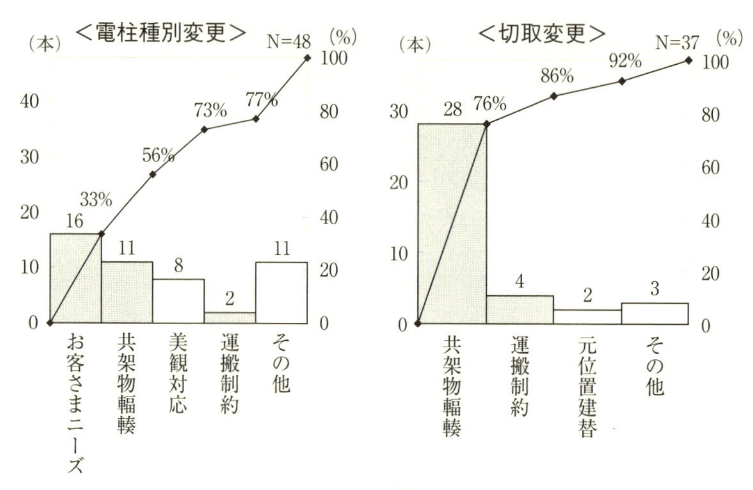


図表 8.18　設計変更の要因内訳

## 8.6　効果確認

各対策を実施した場合の効果について，目標値に対する評価を行った.
【目標】電柱仕様と運用の最適化によるライフサイクルコストの10%削減

図表8.19に「対策の効果」，図表8.20に「対策前後のライフサイクルコスト」を示す．2本継コン柱の全面導入にはメーカーでの詳細検討が必要であるが，その他の対策は即実施が可能である．即実施できる対策のみを導入した場合は232千円/本となり，2.3%の削減を図ることができる．すべての対策を実施した場合は，H23年度実績237千円/本に対し，190千円/本となり，将来的には目標を大きく上回る20%の削減を図ることができる.

## 8.7　電柱仕様と運用の最適化のまとめ

本取組みでは，想定される環境変化から将来の電柱に対するありたい姿を明確化し，ライフサイクルコスト分析により，最適となる電柱の仕様及び運用について検討した.

具体的には，将来(2050年時点)の環境変化を想定し，将来の電柱のありたい姿を明確にした．そして，ありたい姿の実現に向けた方策を，PDPC法を用いて抽出し，各方策を実施した場合の影響について，ライフサイクル工程別に分析を行い，全体としてライフサイクルコストが最適となる電柱仕様と運用を検討した.

即実施可能な対策により2.3%，検討したすべての対策の実施により20%のコスト削減効果が得られることを確認した.

- ラインナップの集約については，速やかに標準化し，平成26年度からの実施に向けて取り組む.
- 大運搬・廃棄運搬の効率化については，契約見直しについて社内関係箇所・契約先と調整し，平成26年度からの導入に向けて取り組む.
- 電柱置場の統合については，統合における課題の詳細検討を行い，平成26年度からの実施に向けて取り組む.

（単位：百万円）⇗コスト増加方策　➘コスト減少方策

| 方策案 ＼ 工程 | 実施時期 | ①製造 | ②大運搬 | ③保管 | ④⑧小運搬 | ⑤建柱 | ⑦抜柱 | ⑨廃棄運搬 | ⑩産廃処理 | ⑪設計 |
|---|---|---|---|---|---|---|---|---|---|---|
| Ⅲ　2本継コン柱を主流としたラインナップ | | 調達費用増加（+1,230）⇗ | 誘導車減少（▲133）➘ | ―― | 誘導車減少運搬車輌の小型化（▲216）➘ | 作業性向上➘ | 切取工事の減少（▲152）➘ | 誘導車減少（Ⅶに含む）➘ | 切取回避（▲98）➘ | 設計変更の減少（▲18）➘ |
| Ⅴ　ラインナップの集約 | 即 | 型枠数減少（▲51）➘ | ―― | 在庫減少➘ | ―― | ―― | ―― | ―― | ―― | ―― |
| Ⅵ　製造工程の短縮 | | 製造工程効率化➘（▲1,600） | ―― | ―― | ―― | ―― | ―― | ―― | ―― | ―― |
| Ⅶ　効率的な運搬 | 即 | ―― | 廃棄運搬との一元化➘ | ―― | ―― | ―― | ―― | 大運搬との一元化（▲95）➘ | ―― | ―― |
| Ⅷ　簡単で早い施工 | | ―― | ―― | ―― | ―― | 作業性向上➘ | 作業性向上➘ | ―― | ―― | ―― |
| Ⅸ　電柱置場の効率的な運用 | 即 | ―― | ―― | 置場統合による減少（▲13）➘ | 置場統合にともなう増加（+3）⇗ | ―― | ―― | ―― | ―― | ―― |

図表 8.19　各ライフサイクル工程における対策の効果

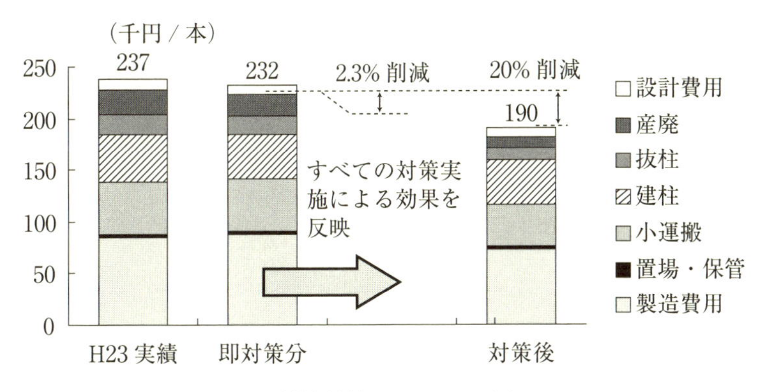


**図表 8.20　対策前後のライフサイクルコスト**

- 2本継コン柱を主流としたラインナップへの見直しについては，メーカー側での対応可否も含めた詳細検討が必要であるため，平成28年度からの実現に向けて調整を進めていく．

最後に，本取組みにあたり，多くのご指導を賜りました中央大学　宮村鐵夫教授に深く感謝いたします．また，ネットワーク技術部門のご協力いただいた関係者のみなさまに感謝いたします．さらに，研修においてご指導いただいた先生方，ご支援いただいた企画室及び能力開発センターの事務局の方々にも感謝の意を表します．

# 第9章

# 事故災害など非常時の対応強化

## ～トンネル内の通風状況を的確に把握するには～

### 実践事例 7 ●関西電力㈱　黒四管理事務所

この事例は，関西電力㈱黒四管理事務所が，平成 20 年度全社 QC サークル発表大会で発表したものである．

関西電力㈱黒四管理事務所では，黒部ダムへ観光に来られたお客様の移動手段として，長野県大町市扇沢駅から黒部ダム駅間（6.1km）のトンネル内に電気で走るトロリーバスを運行している．トロリーバス火災想定訓練において，トンネル内の風向風速を監視している指令室員からの指示にもとづき，バスの乗客を避難誘導したが，避難途中でトンネル内の風向が変

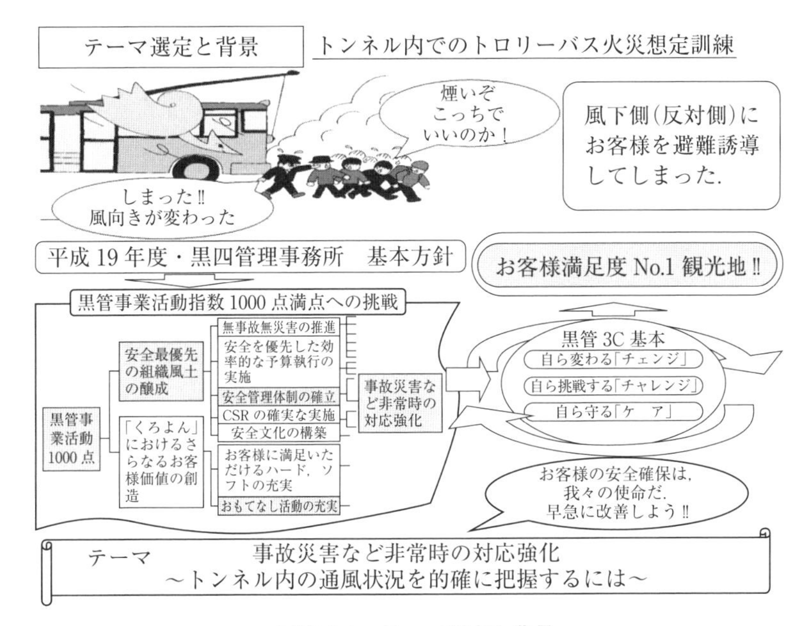


図表 9.1　テーマ選定と背景

わり風下側へ誘導するミスが発生した(図表 9.1).

訓練当時の風向データを調べた結果，トンネル内に微妙な風向変化があることがわかった．このため，指令室員が適切な指示が出せるよう，連関図により考えられる要因を抽出し，さらに，T 型マトリックスを使い，連関図で抽出した現象(一次要因)と原因(末端要因)から，具体的方策を導き出し，安全最優先を目指した取組みを行った事例である.

## 9.1　テーマの選定

今回の事象は，黒四管理事務所の基本方針にもとづくお客様満足 No.1 観光地をめざす取組みに直結し，今回の事象を「起きてはいけないことが一度でも起きてしまった．お客様の安全確保は，我々の使命だ．早急に改善しよう」という安全最優先の認識のもと，即座に取り組むこととした.

## 9.2　現状把握

風向風速計は，トンネル内の 2 カ所(A，B 地点)に設置され，1 分間隔で瞬時値データを測定し，指令室データ表示は，1 分間隔で測定された瞬時値データの内，1 点のみ表示されている(図表 9.2).

また，指令室からのお客様避難指示の判断基準となる風向風速データに注目し，訓練当日の風向の分析を行った．その結果，以下のことが判明した(図表 9.3).

① トロリーバス走行時に既設の風向風速計に一時的な風の影響(以下，一時的な変化という)が発生しており，モニター画面(1 点データ)では，一時的な変化が判断できない.

② 1 年間の営業期間中(212 日)の約 1 割(23 日間)は，一時的な変化ではなく，ある時点から逆向きに変化するが，モニター画面(1 点データ)では，その変化の判断ができない.

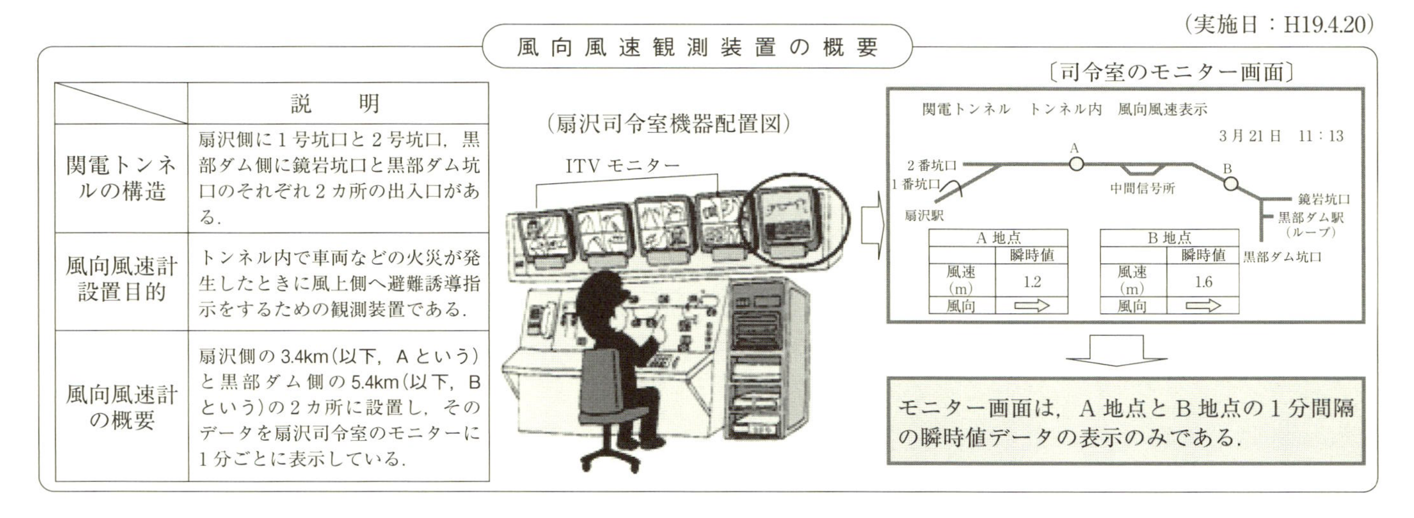

| | 説　明 |
|---|---|
| 関電トンネルの構造 | 扇沢側に1号坑口と2号坑口，黒部ダム側に鏡岩坑口と黒部ダム坑口のそれぞれ2カ所の出入口がある． |
| 風向風速計設置目的 | トンネル内で車両などの火災が発生したときに風上側へ避難誘導指示をするための観測装置である． |
| 風向風速計の概要 | 扇沢側の3.4km(以下，Aという)と黒部ダム側の5.4km(以下，Bという)の2カ所に設置し，そのデータを扇沢司令室のモニターに1分ごとに表示している． |



図表 9.2　指令室への風向風速データ表示

事故想定訓練時の風向風速分析

［帳票データの分析］

| 　 | 場所／時間 | A 地点 測定値 | | B 地点 測定値 | | 状　況 |
|---|---|---|---|---|---|---|
| | | 風速 | 風向 | 風速 | 風向 | |
| 出発前 | 9:28 | 0.1 | ← | 0.5 | ← | 出発して 9:34 までの間は，黒部ダム側から扇沢側であった． |
| | 9:29 | 0.2 | ← | 0.6 | ← | |
| 扇沢駅出発 | 9:30 | 0.5 | ← | 0.7 | ← | |
| ↓ | 9:31 | 0.5 | ← | 0.6 | ← | |
| | 9:32 | 0.5 | ← | 0.6 | ← | |
| | 9:33 | 0.4 | ← | 0.6 | ← | |
| | 9:34 | 0.1 | ← | 0.3 | ← | |
| | 9:35 | 1.4 | → | 0.7 | → | 9 時 35 分から風向きが変わり，黒部ダム側への流れとなった． |
| | 9:36 | 2.2 | → | 1.5 | → | |
| | 9:37 | 2.0 | → | 2.0 | → | |
| | 9:38 | 2.2 | → | 1.2 | → | |
| 事故車両停止 | 9:39 | 1.3 | → | 0.6 | → | |
| 司令室に連絡 | 9:40 | 0.7 | → | 0.2 | → | |
| 避難方向指示 | 9:41 | 0.2 | → | 0.3 | → | 風下の扇沢側へ避難指示する． |
| 避難誘導開始 | 9:42 | 0.2 | ← | 0.6 | ← | 避難方向の指示をしたときは，黒部ダム側への流れであったが，その直後に風向きが変わった． |
| 消化班要請 | 9:43 | 0.5 | ← | 0.7 | ← | |
| 避難誘導 | 9:44 | 0.9 | ← | 0.9 | ← | |
| 現場指導者到着 | 9:45 | 0.9 | ← | 0.7 | ← | |

［凡例：← ダム側から扇沢側へ　→ 扇沢側からダム側へ］

**分析結果（推定）**

トロリーバス走行時に既設の風向風速計に一時的な風の影響（以下，一時的な変化という）が発生した．

**問題点**

モニター画面では，トロリーバスの走行による一時的な風向の変化がわからない．

図表 9.3　訓練当時の風向風速データ分析結果

## 9.3　目標の設定

トンネル内の火災発生時，指令室勤務者全員が的確に避難方向の指示を出せるようにすることとした．

## 9.4　要因の解析

「なぜ，火災発生時の避難方向の指示を的確に出せないのか」について，連関図により要因を抽出し，3つの一次原因《　》と4つの末端原因【　】についてブレーンストーミングによりウェイトづけを実施した(図表9.4)．

## 9.5　方策の絞込み

連関図で明確となった現象(連関図の一次要因)と原因(連関図の末端要因)をもとに，T型マトリックス図を使用し，取り組むべき具体的方策を明確にした．この中から効果ランクB以上となった3項目について方策を立案することとした(図表9.5)．

## 9.6　方策の立案と最適策の追究

### ①　1号，2号坑口に風向風速計を増設する

最適な風向風速計の設置場所を抽出し，トンネル全体の通風状態を把握する風向風速計を各トンネル出入口に仮設置し，トンネル全体の通風状態を調査した(図表9.6)．

既設A地点の風向と新設した「1号，2号坑口」のデータが一致するか，また，既設B地点の風向と新設の「鏡岩坑口」及び「5号トンネル」のデータが一致するかを確認した．

その結果，A地点の風向は1号，2号坑口との風向が一致せず，通風状況を把握できないときがあることが判明した．一方，B地点では，すべての風向が一致しており，黒部ダム側には風向風速計の増設は不要であるこ

（実施日：H19.5.10）

サークル員全員で連関図により要因を抽出し，一次原因《　》と末端原因【　】についてブレーンストーミングによりウェイトづけを実施した．

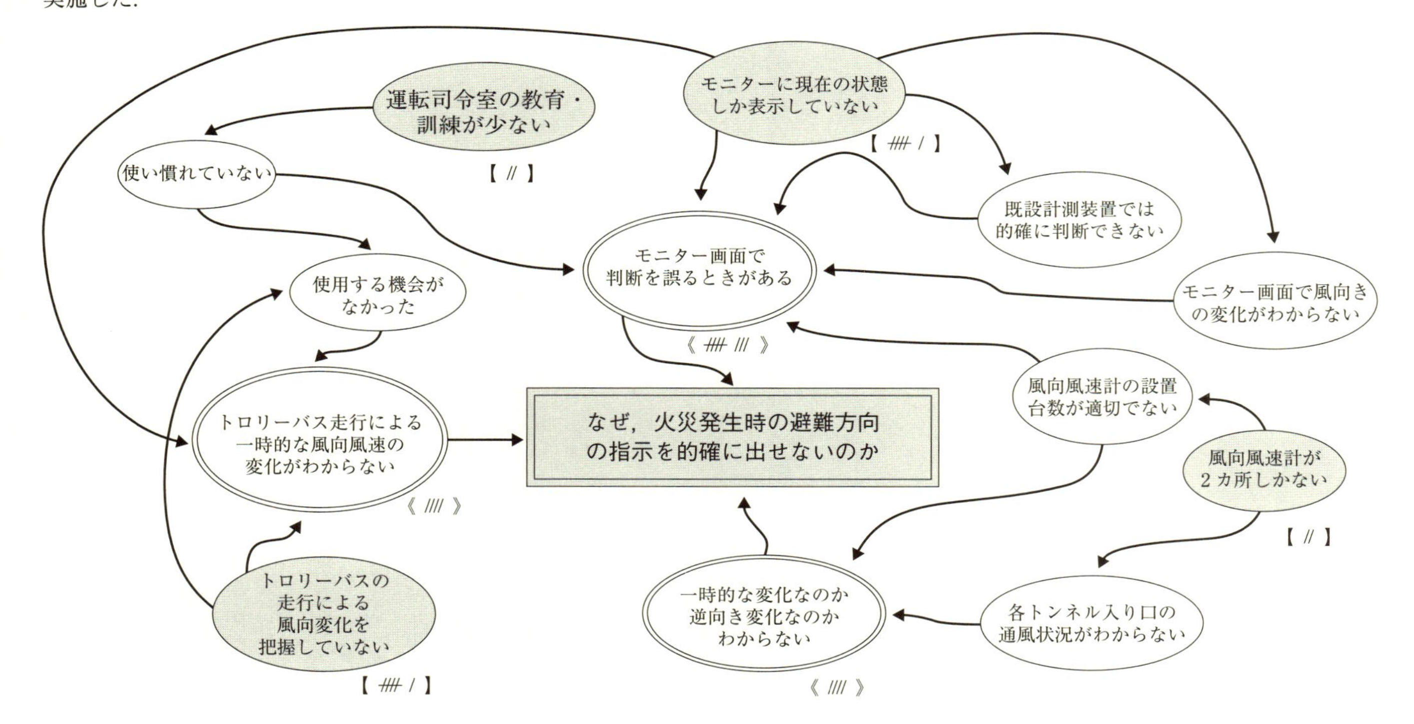


図表 9.4　連関図「なぜ，火災発生時の避難方向の指示を的確に出せないのか」

（実施日：H19.5.22）

サークル員全員でＴ型マトリックス図により，取り組むべき方策を明確にした．

| 現象（連関図の一次要因） | 重要度 | モニターに現在の状態しか表示していない | トロリーバスの走行による風向変化を把握していない | 風向風速計が2カ所しかない | 運転司令室の教育・訓練が少ない | | | |
|---|---|---|---|---|---|---|---|---|
| モニター画面で判断を誤るときがある | A | ◎ | ◎ | ○ | △ | | | |
| トロリーバス走行による一時的な風向風速の変化がわからない | B | ◎ | ◎ | | | | | |
| 一時的な変化なのか逆向き変化なのかわからない | B | ○ | ○ | ◎ | ○ | | | |
| 集計値 | | 48 | 48 | 30 | 14 | | | |
| 具体的方策 ＼ 原因（連関図の末端要因）の重要度 | | A | A | B | C | 集計値 | 効果 | 対策 |
| 最適な設置場所を抽出し，トンネル全体の通風状態を把握する | | △ | ○ | ◎ | | 35 | B | No.1 |
| 各坑口に風向風速計を設置し，全体を把握する | | | | ◎ | | 15 | C | — |
| トロリーバス走行時に発生する一時的な変化を把握できるようにする | | ○ | ◎ | △ | | 43 | A | No.2 |
| モニター画面を見て風向の逆向き変化を把握できるようにする | | ◎ | ○ | | | 40 | B | No.3 |
| トロリーバス走行時の風の影響を取除いて表示する | | △ | △ | △ | | 13 | C | — |
| ジェットファンを設置し，風向きを一定化する | | | △ | | | 5 | C | — |
| 教育・訓練を行い的確に対応できるようにする | | | △ | | ◎ | 10 | C | — |
| 通風筒を設置して換気する | | | △ | | | 5 | C | — |

| | 一次要因 | 末端要因 | 具体的方策 |
|---|---|---|---|
| ウェイトづけ集計値 | A＝5 以上<br>B＝3～4<br>C＝2 以下 | A＝35 以上<br>B＝21～35<br>C＝20 以下 | A＝35 以上<br>B＝16～35<br>C＝15 以下 |
| 重要度 | A＝5 点　B＝3 点　C＝1 点 | | |
| 関連度 | ◎＝5 点　○＝3 点　△＝1 点 | | |

|  |  |
|---|---|
| ◎ | 大いに関連または効果あり |
| ○ | 関連または効果あり |
| △ | 少し関連または効果あり |

⇒ 効果ランクB以上となった3項目について立案する

図表 9.5　Ｔ型マトリックス図

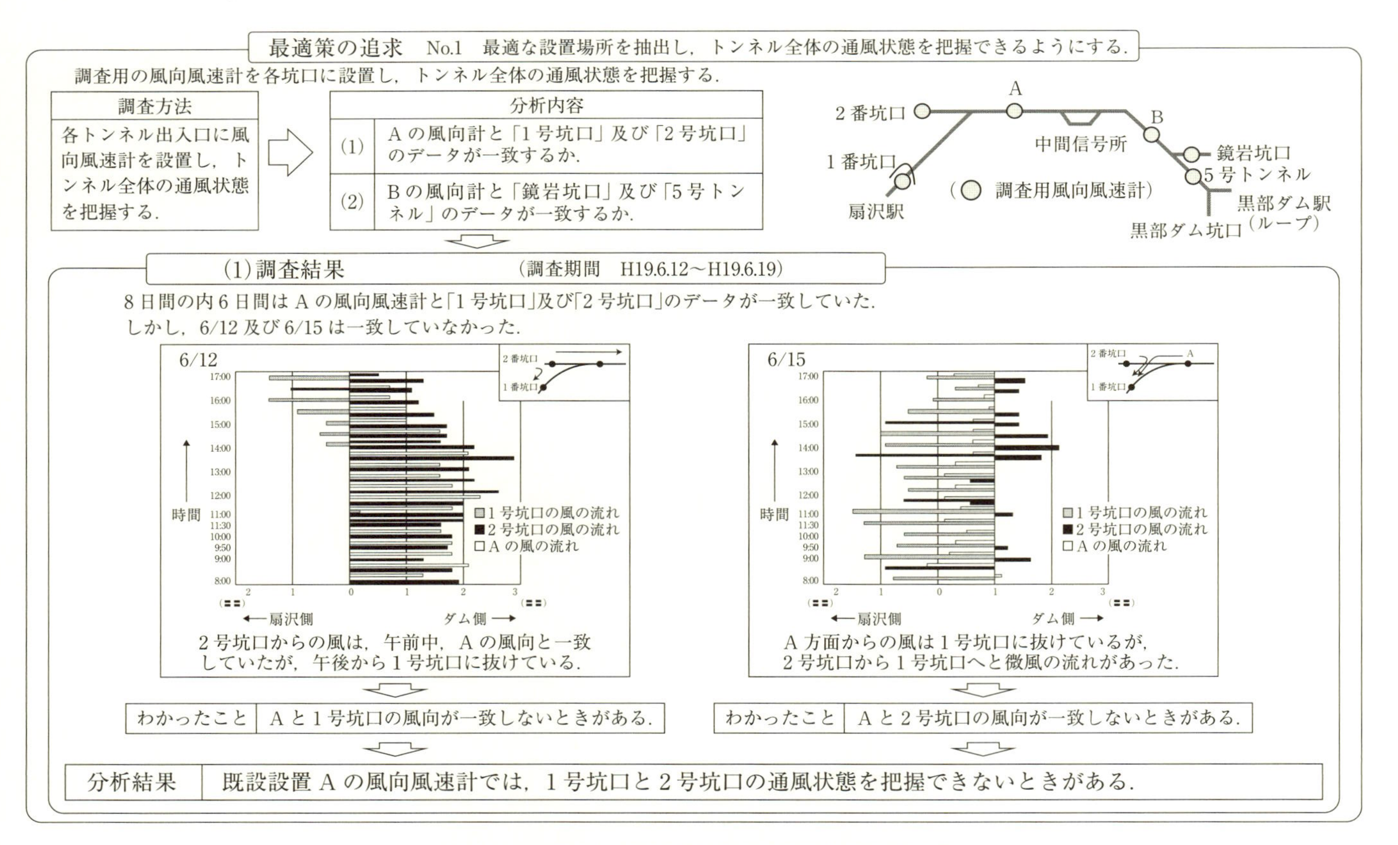


図表 9.6　風向風速計仮設置時の通風状態調査結果

とを確認した.

そこで，1号，2号坑口に風向風速計を増設し，トンネル全体の通風状態を把握できるようにすることとした.

**② トロリーバス走行時に発生する一時的な変化を把握する**

トロリーバス全20台の運行パターンについて，過去のデータをもとに，風向変化を検証した結果，訓練当時と同様，バスの走行途中で一時的な変化が見られた．この変化には規則性があり，毎時0：05～0：16及び0：35～0：46(以下，一時的に変化する時間帯)の各11分間で発生していることが判明した.

また，指令室モニター画面のデータ表示は，1分間隔の瞬時データを21分間連続表示することにより，時系列変化の傾向が把握できるようにし，特に，一時的に変化する時間帯については，データに色づけして，指令室員が一目で把握できるようにした.

**③ モニター画面を見て風向の逆向き変化を把握できるようにする**

過去のデータから，風向が逆向きに変化するときは，ダム側からの風が一気に1号坑口に吹き抜けるため，1号坑口とA，B地点の風向が一斉に扇沢側へと変化することがわかった．そこで，風向の逆向き変化を一目で確認できるよう，風向の矢印に色付け[→(赤)←(青)]を行うこととした.

## 9.7 応急対策の検討

対策実施に際し，対策を行うための期中予算の確保ができないことがわかった．しかし，安全最優先の観点から，恒久対策が実施されるまでの間，これに代わる応急対策を検討することとした.

**① 1号，2号坑口への風向風速計の増設**

1号，2号坑口のITVカメラの前に手作りの吹流しと家庭で使用していたもぐら脅かしの風向計を設置し，指令室のモニターで確認できるようにした.

**② 指令室のモニター画面のレイアウトの変更**

トンネル内の風向の「一時的な変化の時間帯」と「逆向き変化」の特性

をモニターの下に掲示し，周知した．また，「関電トンネル風向風速確認手順書」を作成し，勉強会を実施した．

## 9.8　効果確認

対策内容について，指令室員とディスカッションした結果，指令室勤務は1名のため，突発時に即座に判断することができるか不安があるとの意見が出た．そのため，3階指令室のモニターから，2階事務所の既設ITVモニターに配線をして，モニター切替で風向風速計を表示し，役職者が確認し，既設のインターホーンでサポートできるようにした．

以上の対策により，常時，指令室から的確に避難方向の指示が出せるように改善を図った．

# 第10章

# 顧客の期待に応える業務品質の改善と教育実施の事例

実践事例8●サンデン㈱　流通システム事業部

## 10.1　サンデン，店舗システム事業部の事例概要

この活動は，サンデン㈱の店舗システム事業部における改善事例である．当事業部は，さまざまな業態の流通小売り企業を顧客として冷凍・冷蔵設備及びショーケースの製造販売を中心に事業展開している．当事業の特徴の一つは，顧客の店舗を開店以前の企画段階からかかわり，閉店・撤去まで，その店舗自体のライフサイクルでサポートするビジネスにある．

このようなライフサイクルでのビジネスモデル構築に至った経緯は，顧客がその成長の過程で，さまざまな機能をアウトソーシングしていったことに起因し，そのアウトソーシングを実施していくプロセスに当事業部がパートナーとして重要な役割を担ってきたことにある．

こうした背景のもと，今回の改善活動は当事業部において，大手コンビニエンスストアのA社を担当する部門が，A社の戦略変更にともなった需要の大幅拡大へ対応するため，日常業務の改善を遂行し，この戦略案件への対応工数を確保した事例である．

## 10.2　活動の背景

今回の改善活動における背景には，大きく2つの変化が介在している．第一にA社の戦略の変化である．これは，戦略投資を前倒し加速させるというもので，当初計画していた数量から3カ月後には約4倍の数量まで跳ね上がり，この非常に大きなビジネス規模の変動へ対応しなければなら

ないということである(図表 10.1)．第二に部門の人事異動にともなう体制変更である．これは，定期異動にともなう体制変更であり，新入社員 2 名と異動してきた未経験者 1 名を戦力にして業務を遂行しなければならないことである．こういった変化を踏まえ，今回の改善実施の発端となる要求が A 社からくることになる．

A 社が新規出店(新店)する際，設備や機器を搬入し設置工事を含め，店舗づくりが行われる．その設置工事や機器搬入完了について，各店舗のオーナー（または店長)から確認をもらうことが必要になる．つまり，必要な作業が完了しオーナー確認が完了したことで，請求(売上)のプロセスに入るのだが，従来の請求は個々の作業が終了した時点で個別に請求プロセスに移行していた．ところが，今回 A 社側より店舗ごとに請求をまとめるよう指示があった．

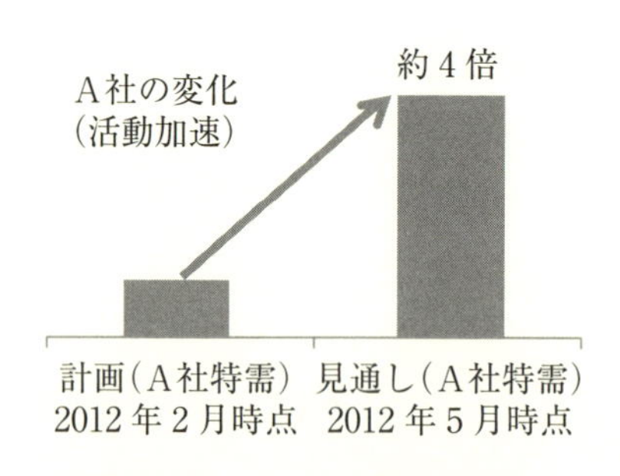


**図表 10.1　A 社の戦略の変化**

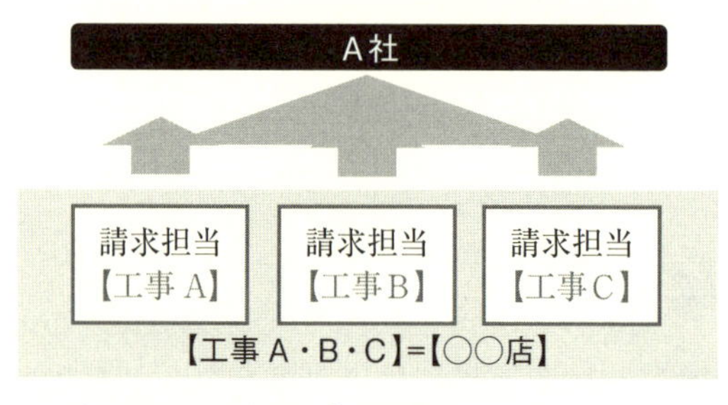


**図表 10.2　統括請求への移行**

これまで，A社で管理していた店舗の工事や機器搬入のプロセスをすべて弊社(当事業部)に管理を委託する「新店請求パッケージ」での対応を要求された．このことにより，従来の仕事の進め方から管理様式まで，すべてにおいて仕事を整理し，新たな仕事のやり方を構築する必要が生じた(図表10.2)．

当該活動の目的を状況とあわせた要件を整理する．

**目的**：A社の戦略投資前倒しに対応するための工数を確保．

目的達成のために改善する事＝日常業務における「新店請求業務」の効率化を実現させなければならない．

**要件①**　A社要望「新店請求のパッケージ化」に対応．

**要件②**　新人及び未経験者の教育と業務遂行の実施．

## 10.3 現状把握

実際に新店請求業務における仕事量を定量的に伝票数で把握すると，対象となった期間は，新店についても大規模な出店が計画されており，その活動当初試算した結果，前年約15,000枚に対して22,000(144%)と大幅増を想定していた．特にA社決算月である8月とその前後においては，13千枚の伝票が集中することが想定できており，喫緊かつ効率的な対応が不可欠な状態が予想されていた(図表10.3)．

次に，A社要望である「新店請求のパッケージ化」であるが，従来から新店への機器搬入や施工にはいくつかのプロセスがあり，それぞれのプロセスにおいて受領書が必要となる．

これはそれぞれの店舗(新規出店するお店)において，例えば機器を搬入・設置した場合，この確認を店舗オーナーから受領(終了)確認をいただく，これが受領印(ストアスタンプ)である．この受領印はそれぞれの作業目的別に，終了を確認し押印をいただくことになるが，すべての店舗が同じ作業ではなく，それぞれ店舗レイアウトや仕様によって，作業が異なり店舗ごとの管理が重要となる．また，各作業は同時並行で実施するのではなく，店舗ごとの施工スケジュールに応じて，機器搬入・設置・施工工事

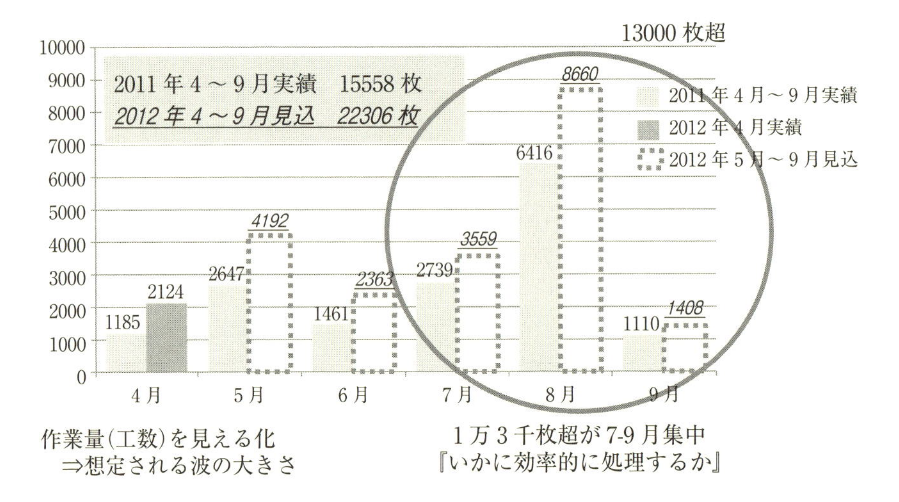


**図表10.3　新規新店伝票数予測(2011年比＋144%)**

を実施させる必要がある．これは，現場の作業がすべて「ひも付き管理」されて請求までされている状態を求められていることになる．単純に作業だけを抜き出せば容易な管理ともとれるが，日々の管理規模数が非常に多く，的確に処理されなければスムーズな作業は不可能である．

## 10.3.1　請求業務とそのプロセス

ここで請求業務とそのプロセスについてまとめておく．

① それぞれの新店での作業が終了後，各作業の受領印付きの受領書を店舗ごとに集める(図表10.4)

② 各店舗における作業(工事・搬入・設置)などの終了と店舗ごとの請求要件の確認

③ 請求伝票及び付帯書類作成

④ 履歴管理及びA社担当者への請求書提出(図表10.5)

ポイントは店舗ごとの請求要件確認にあり，これを満たさなければ請求できない．

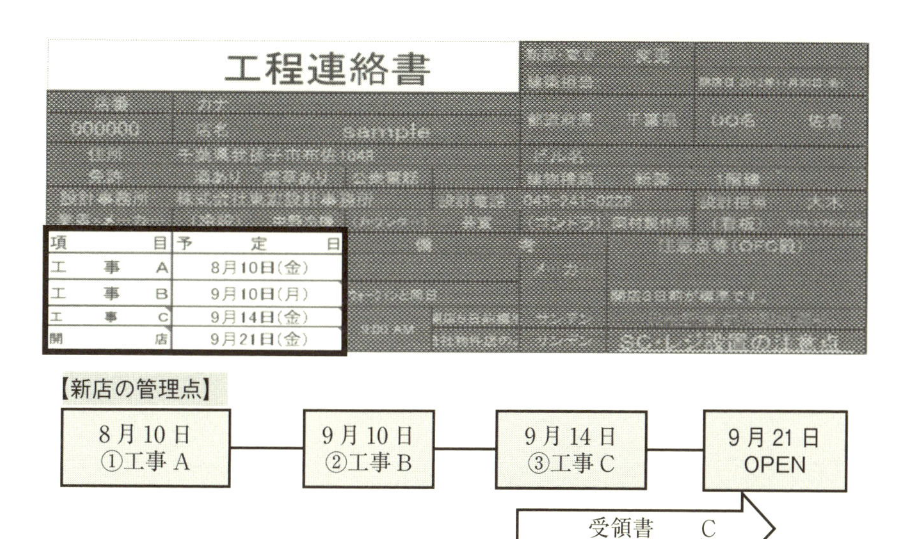

工程連絡書

| 項目 | 予定日 |
|---|---|
| 工事A | 8月10日(金) |
| 工事B | 9月10日(月) |
| 工事C | 9月14日(金) |
| 開店 | 9月21日(金) |



図表 10.4　受領書を店舗ごとに集め，A 社担当者へ請求書提出

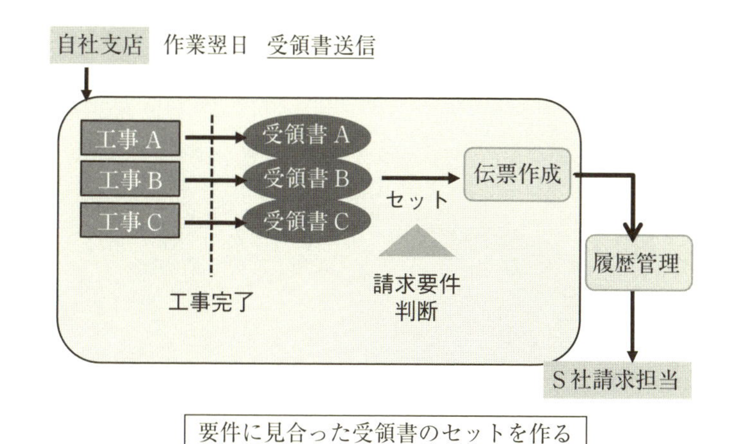



図表 10.5　履歴管理及び A 社担当者への請求書提出

### 10.3.2　作業の流れ〜まとめ

実際の作業の流れは前述のプロセスのとおりであるが，請求業務担当者だけでは，実際の受領書有無の確認やすべての店舗で請求要件が整ったか否かの判断は難しい．したがって，現状においては，その確認のための後戻りが多く発生し「迷走状態」を生むこととなった．

次にこの迷走状態の原因の 1 つでもある人員の経験及びスキルの確認をしていく．5 名体制（派遣社員 1 名含む）での職務遂行ではあるが，実質的な経験者は 1 名のみであり，2 名の新入社員を含め未経験者 4 名を戦力化

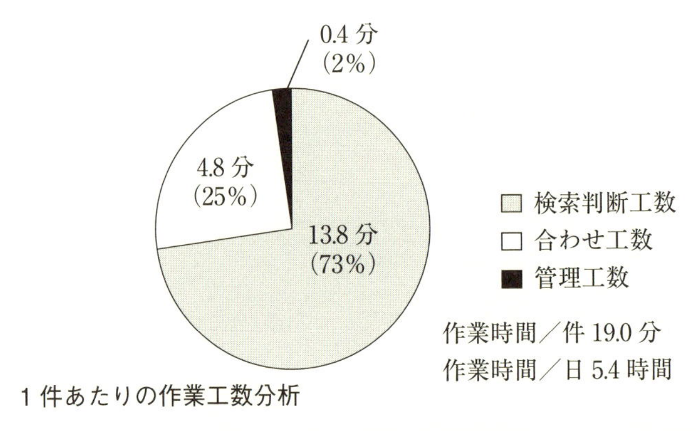


図表 10.6　迷走状態の作業分析作業の層別（検索判断・合わせ・管理）

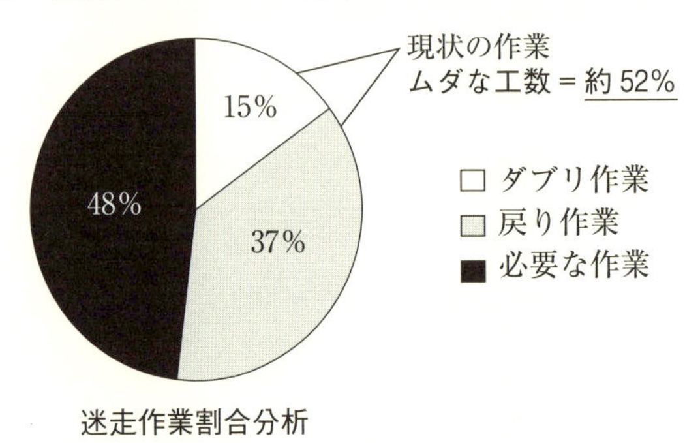


図表 10.7　ムダな工数の割合

することと同時にその力を最大化させる必要がある．

ここで実際の作業における迷走状態をそれぞれの作業へ分解し層別することで，迷走している作業内容とその原因の見える化，どこに問題があるのかが明確になってきた(図表10.6)．実際にダブリ作業や後戻りの作業(全体の約52%が「迷走」に費やしている)を繰り返していることが明確になってきた(図表10.7)．

## 10.4　目標の設定

当該活動において，前述した約52％に及ぶ迷走が効率化するべき定量的目標値であり，この改善を実現するための仕組み構築とその標準化が，人員教育・育成を含めた定性的な目標設定とした(図表10.8)．

**定量目標：**1店舗につき工数(ムダ工数)　52％削減

**定性目標：**仕組み構築とその標準化

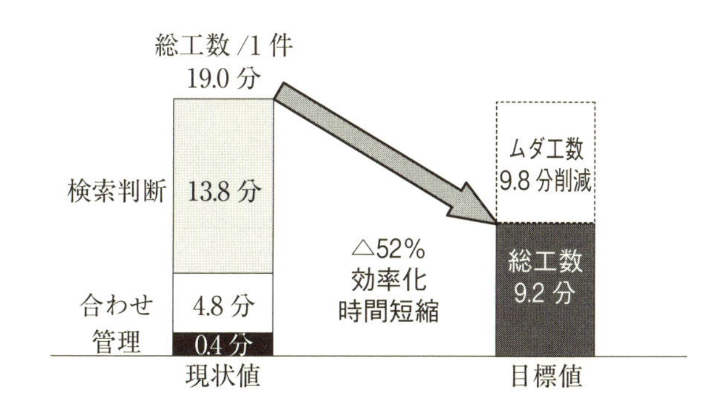


**図表10.8　目標の設定**

## 10.5　活動計画と推進について

当該活動は，A社への活動と連動し効率化を実現することを目的としており，4～9月で確実な成果を出すことが必須であった．全体の改善スケジュールよりも効率化の効果を早く出すことで，十分な工数を確保することが求められた(図表10.9)．

計画　実績

|  | 4月 | 5月 | 6月 | 7月 | 8月 | 9月 | まとめ担当 | サブ |
|---|---|---|---|---|---|---|---|---|
| テーマ選定 |  |  |  |  |  |  | 鈴木 | 中澤 |
| 活動計画 |  |  |  |  |  |  | 徐 | 小澤 |
| 現状分析 |  |  |  |  |  |  | 小林(美) | 山中 |
| 目標設定 |  |  |  |  |  |  | 小林(毅) | 野口 |
| 要因解析 / 検証 |  |  |  |  |  |  | 吉田 | 単 |
| 対策の立案と実施 |  |  |  |  |  |  | 山中・単 | 小林(美) |
| 効果の確認 |  |  |  |  |  |  | 小林(毅) | 野口 |
| 歯止め |  |  |  |  |  |  | 中澤 | 鈴木 |
| 反省と今後の計画 |  |  |  |  |  |  | 小澤 | 徐 |

新入社員への個人面談(担当　小林)
6月より　計画各30分 / 週1回月曜　実施各30分以上 / 週1回月曜
内容：QC基本事項指導，問題解決相談　及び　活動進捗

**図表10.9　活動スケジュール**

## 10.6　要因の解析

次にこの「迷走」の状態を明確にするため，連関図を活用して現象から要因を導き出すための深掘りを実施した(図表10.10)．なぜ本来必要のないムダな作業，ダブリ(重複)や戻りが発生するのかを分析し，大きく2つの要因に絞り込むことができた．その要因は，第一にA社へ請求実施するための要件について明確な判断基準がないということ，第二に受領書管理の仕組み／ルールがないことにあった．

さらに，連関図から導き出した要因の検証も実施した．上記2つの要因が制約とならない状況を設定し作業実施の経過時間を計測した．その結果，改善の目標設定したレベルであることが実証された．したがって，上記2つの要因は，間違いなく改善すべき「真」の要因であることが確認された．

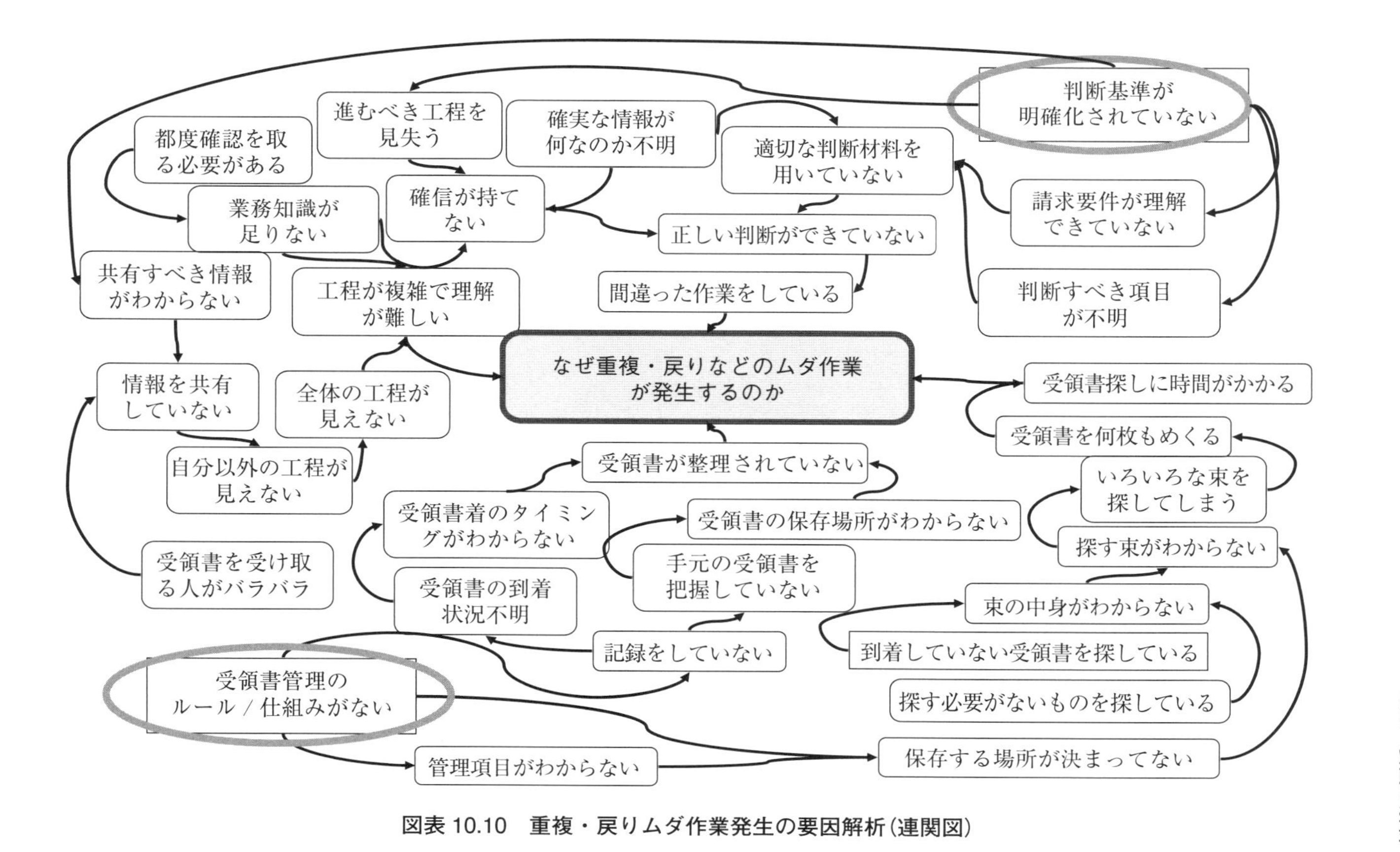


**図表 10.10　重複・戻りムダ作業発生の要因解析（連関図）**

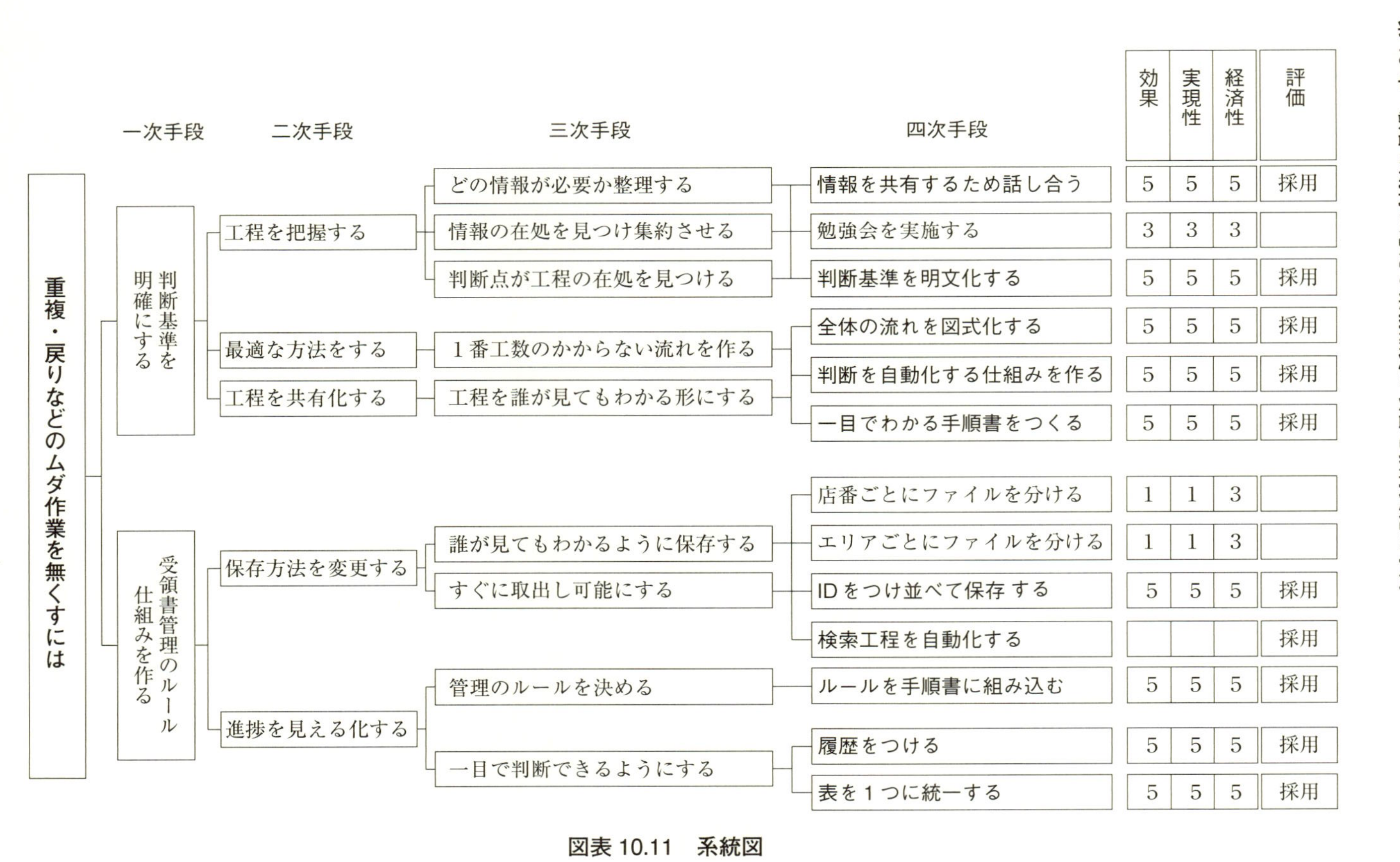
一次手段
二次手段
三次手段
四次手段
効果
実現性
経済性
評価
重複・戻りなどのムダ作業を無くすには
判断基準を明確にする
受領書管理のルール仕組みを作る
工程を把握する
最適な方法をする
工程を共有化する
保存方法を変更する
進捗を見える化する
どの情報が必要か整理する
情報の在処を見つけ集約させる
判断点が工程の在処を見つける
1番工数のかからない流れを作る
工程を誰が見てもわかる形にする
誰が見てもわかるように保存する
すぐに取出し可能にする
管理のルールを決める
一目で判断できるようにする
情報を共有するため話し合う　5　5　5　採用
勉強会を実施する　3　3　3
判断基準を明文化する　5　5　5　採用
全体の流れを図式化する　5　5　5　採用
判断を自動化する仕組みを作る　5　5　5　採用
一目でわかる手順書をつくる　5　5　5　採用
店番ごとにファイルを分ける　1　1　3
エリアごとにファイルを分ける　1　1　3
IDをつけ並べて保存する　5　5　5　採用
検索工程を自動化する　採用
ルールを手順書に組み込む　5　5　5　採用
履歴をつける　5　5　5　採用
表を1つに統一する　5　5　5　採用

図表10.11　系統図

## 10.7　対策の立案と実施

要因解析で絞り込んだ2つの要因を解決するために必要な機能をあげて系統図で整理した(図表10.11).

また,この対策案を層別し評価/代替の検討をすることで具体的な対策としてまとめていった. そして,具体的な改善の実行において, 各実施のステップを明確にするとともに,ステップにおける種々の問題を確実に潰し込むことで,成果を出した.

## 10.8　対策実施事項

**1)　情報の共有化を徹底する⇒方策①：業務フロー作成・活用**

新入社員を中心に業務フローを作成した(仕事の整理と教育を同時並行で行う).

また, 業務フローにおいては請求要件の判断基準を明文化し, それをプロセスに加え, 複雑な工程をステップとルートに分け作業の目的も記載し, わかりやすい図式化とした(図表10.12).

**2)　管理の枠組を構築する⇒方策②：受領書管理表**

エクセルを活用して店舗ごとの進捗と受領書の状況・請求要件までを一元管理化した(図表10.13).

受領書管理は系統図であがった具体案を表の機能として取り入れることで, 網羅性のある進捗管理が可能となった. また,請求要件を個別に設定していくことで, 請求要件の判断基準を関数で組込み判断を自動化し, スムーズな判断と業務フローへの担保が可能となった.

**3)　改善のスキームの共有化⇒方策③：業務マニュアル**

ノウハウ(ルール・基準)の共有, 新人でも理解が容易な「手順書」を作成した.

このマニュアルは業務フローで整理したプロセスを請求要件とその判断

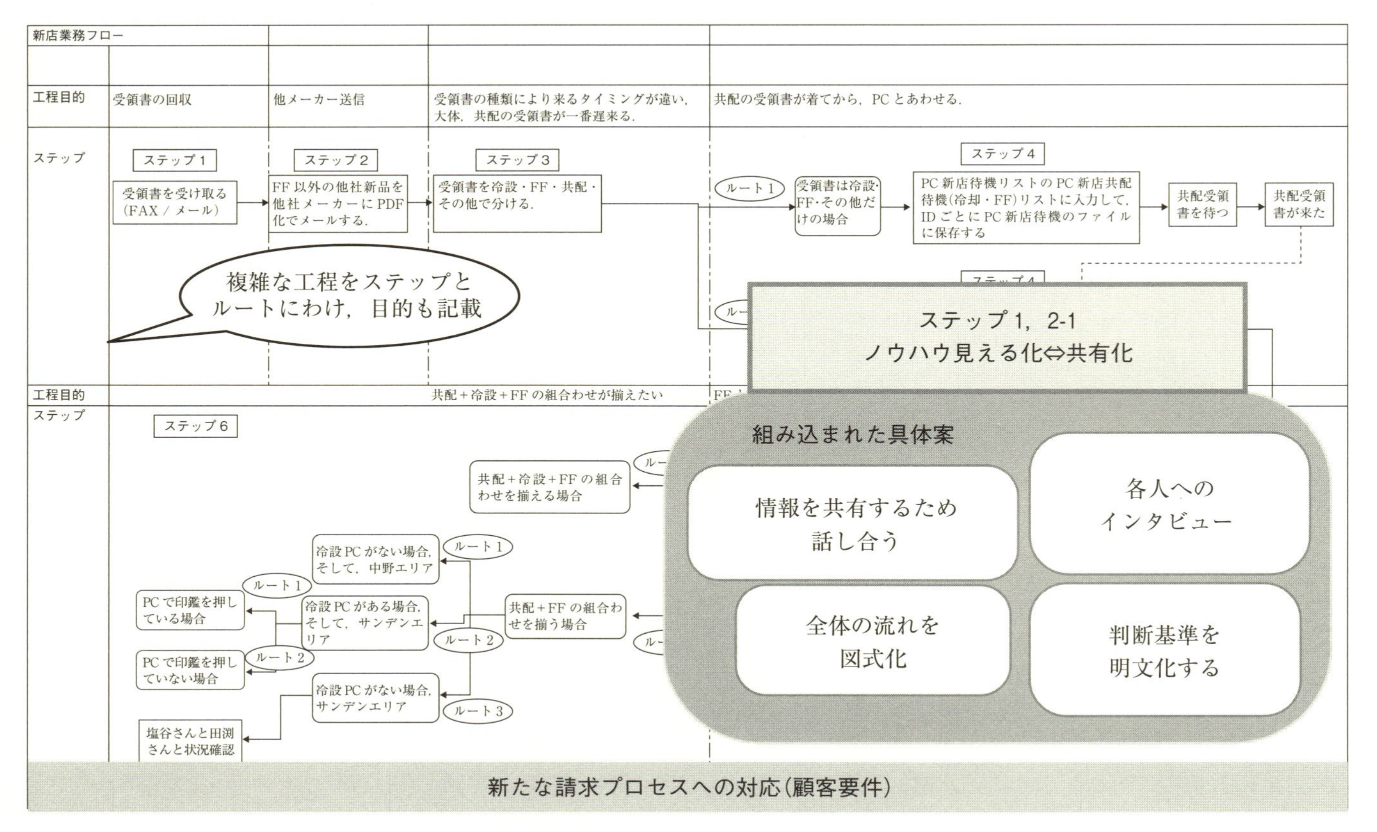


図表 10.12　新請求プロセスに対応した業務フロー

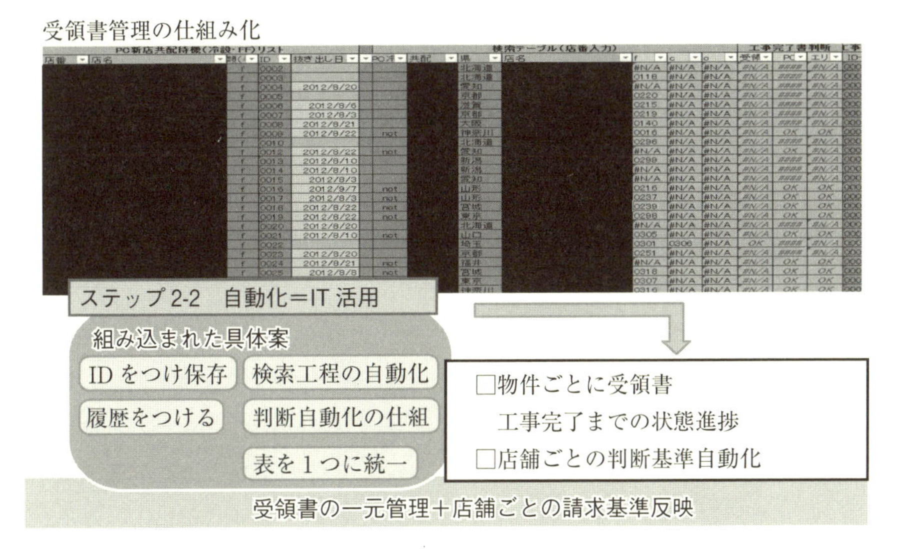


**図表 10.13　受領書管理表**

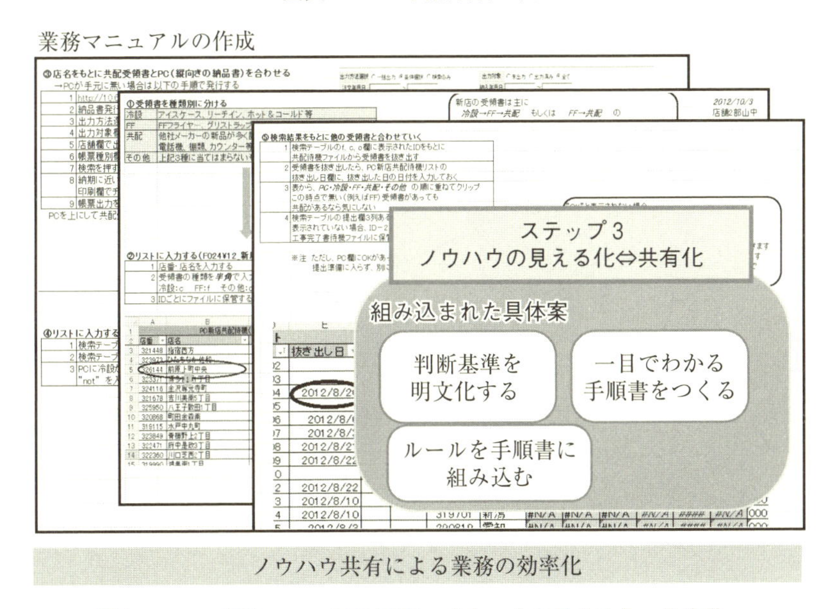


**図表 10.14　業務マニュアル刷新　ノウハウの見える化⇔共有化**

基準を明文化し，フローで整理し受領書管理表によって効率化された工程をマニュアル化することで非常にわかりやすくまとめられた(図表 10.14).

## 10.9　効果確認

改善前の 19 分かかっていた作業工数が 9 分となり，53%の改善を達成した．改善の内訳は迷走の温床であった検索作業の時間を大幅に削減し，本来重点とすべき進捗管理を徹底するといったメリハリある仕事の進め方を実現したことにある（図表 10.15）．

また，この効率化と同時に行った業務の仕組み構築とその標準化についても一定の成果を上げている．金額をベースとした効果では，年間新店 1442 店舗分について 10 分／店舗の効率効果を試算すると年間 72 万円の直接的改善効果を得た．さらに，営業における機会損失を考えると前年比数億円単位の商権確保に貢献したと捉えることもできる．また，新人教育についても，非常に大きな効果を上げており，業務を通じたビジネスへの理解，会社における仕事の進め方など，非常に多くの経験を得ることができたと考える．

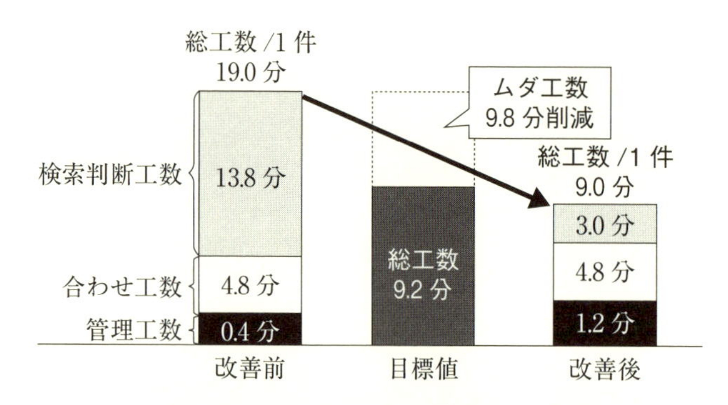


図表 10.15　改善による作業時間の短縮

## 10.10　歯止め

業務フローやマニュアルの継続利用する仕事の進め方を徹底していくこと，定期的な標準類(フロー／マニュアル)のメンテナンス，ピーク対応前に計画的な業務工程の整理など上司を巻き込み役割を決めて活動を進め，継続的活用の仕組みを構築したことで，構築した業務スキーム継続活用ができている(図表 10.16).

| 項目 | 内容 | いつ／納期 | 担当 | チェック(上司) |
|---|---|---|---|---|
| フローとマニュアル継続利用 | 共有(サーバー保存管理) | 12 年 9 月 | A さん | ○完了 |
| | メンテナンス(工程見直し＝再構築) | ①業務引継時 | B さん | ○完了 |
| | | ②繁忙期前(1 月，7 月) | C さん | ○13 年 1 月<br>13 年 7 月予定 |

【歯止め】の徹底

□役割の明確化(誰がいつ，どのように)

□チェック機能強化(上司の管理点)

□会議体での進捗及び指示徹底

→ 上司を巻き込み『歯止めの徹底に取り組む』

**図表 10.16　業務フロー，マニュアルの継続利用などによる歯止め**

# 第11章

# 水力発電所導水路保護システムの開発

## 実践事例9●関西電力㈱　奈良電力所奥吉野発電所

この事例は，関西電力㈱奈良電力所奥吉野発電所が，平成21年度全社QCサークル発表大会で発表したものである．

数km～数十km離れたダムから水力発電所まで水を導く水路のことを導水路と言う（図表11.1）．この設備は，山崩れや地震などで水路に損壊が発生した場合，多量の水が外部へ流出し，社会的影響の大きな事故に発展する可能性がある．送電線や発・変電設備の異常などの場合，電気的に瞬時に遮断できる保護継電器がある一方で，水力発電所設備の一部である導水路の異常や損壊については，迅速に確認する方法が確立されていない．

今回，その点に注目し，導水路の損壊をいち早く検知して，上流から流

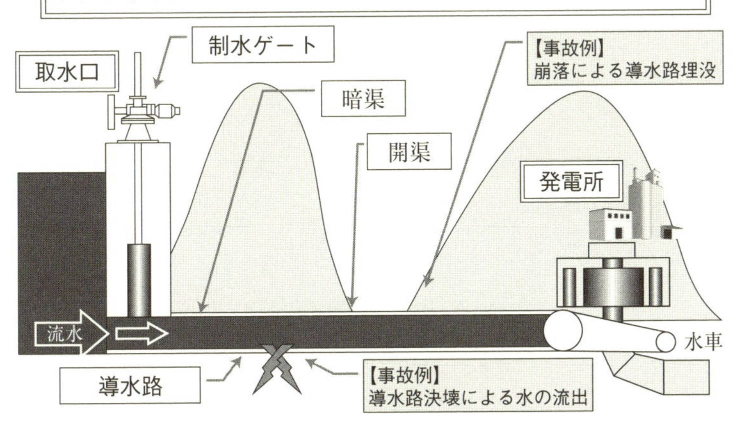


図表11.1　導水路とは

入してくる水を止め，被害拡大を防止することができる導水路保護システムの開発にチャレンジした.

現状，導水路のリスク回避ができるシステムがなぜないのかについて，「連関図」を使用し，あるべき姿を実現するため，必要な具体的方策を導くための重要要因の抽出に活用した事例である.

## 11.1　テーマの選定

水力発電所の設備構成は，水車発電機などの電気設備の他，発電に必要な水を確保するための導水路などは土木設備で構成されている．そこで，今回，電気と土木の業務の垣根を越え，お互いの固有技術を活かし技術力向上につながるテーマに取り組むこととした.

議論を続ける中で気づいたことは，送電線や発・変電設備の異常では，保護継電器がある一方，導水路設備の異常や損壊については，現状，迅速に確認する方法がなく，もし検知が遅れた場合，導水路の被害拡大や社会的影響が大きい事故に発展する可能性が高い．そこで，「水力発電所導水路保護システムの開発」について取り組むこととした(図表 11.2).

## 11.2　攻め所の明確化，目標の設定

平成 21 年度中に速やかに導水路決壊などの異常を検知し取水遮断する保護システムを開発することとした.

## 11.3　現状把握

① 水力発電所の運転自動化などにより，導水路の陥没や決壊事故の迅速な発見は，制御箇所の監視業務ではきわめて困難な状況にある．例えば，発電機出力の変化を監視により発見する場合，長い導水路の流下時間を考えると，発見が遅れ導水路の被害拡大や社会的影響事故に発展する恐れがある.

◎…5点　○…4点　△…2点　×…0点

| | 8 | 10 | 6 | ウエイトづけ | 4 | 4 | 4 | 2 | 2 | 2 | | | |
|---|---|---|---|---|---|---|---|---|---|---|---|---|---|
| | 安全再優先 | | | | 改善要求度 | | | メンバーの能力 | | | | | |
| 評価点(A) | 会社方針にマッチするか | 発電所方針にマッチするか | サークル方針にマッチするか | 基本方針／評価項目／問題点 | 緊急性 | 重要性 | 実現性 | 自分達で解決できるか | データは取りやすいか | メンバー全員で取り組めるか | 評価点(B) | 総合評価点(A＋B) | 順位 |
| 120 | ◎ | ◎ | ◎ | 導水路保護システムの開発 | ○ | ◎ | ○ | ○ | ○ | ◎ | 78 | 198 | 1 |
| 96 | ◎ | ○ | △ | 奥吉野発電所の特異設備運用技術継承 | △ | ○ | ○ | ○ | △ | ○ | 60 | 156 | 2 |
| 68 | △ | ○ | △ | 機器障害対応FT図活用による復旧時間短縮 | ○ | ○ | △ | △ | △ | ◎ | 58 | 126 | 4 |
| 92 | ◎ | ◎ | ○ | 機器油流出対応の迅速化 | ○ | ◎ | △ | △ | △ | ○ | 60 | 152 | 3 |

**図表11.2　T型マトリックス図によるテーマの選定**

② 今後30年以内に東南海地震や東海地震の発生が確実視され，大地震が発生した場合，大規模停電や複数の水力発電所の導水路で陥没や決壊事故が発生することが予想される.

③ 大地震発生時，配電線電源脱落や通信線の断線により，遠方操作によるゲート操作などが不可能となることも予想される.

④ また，仮に，現場操作を行う場合，人力による制水ゲートの閉止にはかなりの労力がかかり，迅速な閉鎖操作は不可能となる.

以上のことから，水力発電所の導水路異常を検知し，迅速に制水ゲートなど自動閉鎖させるシステム開発の必要性があると考えた.

そこで，最悪の事態を想定した場合，導水路のリスク回避ができるシステムがなぜないのかについて，「連関図」を作成し，あるべき姿を実現するため，必要な具体的方策を導くための重要要因を抽出した(図表11.3).

- 重要要因1　保護システムを開発していない
- 重要要因2　配電線の電源を期待しすぎている(バックアップ電源がない)

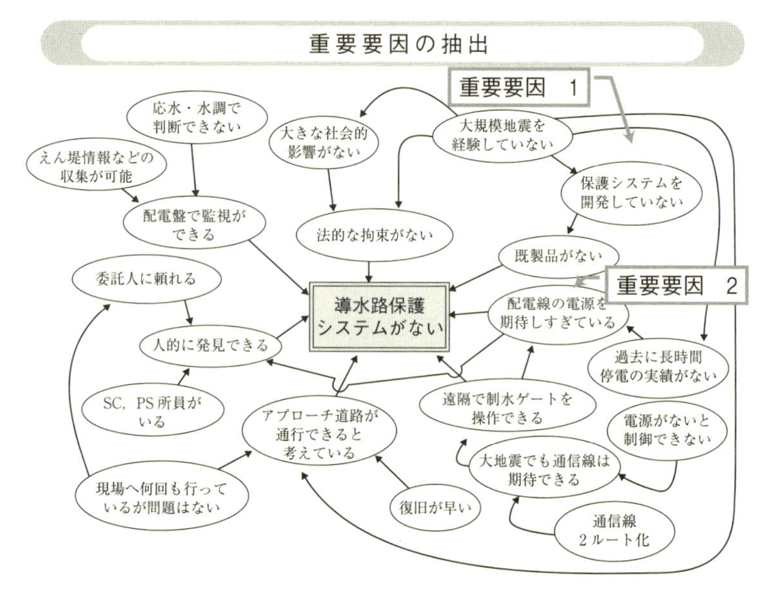


図表 11.3　連関図「導水路保護システムがない」

## 11.4　方策の立案と対策の実施

連関図から重要要因を抽出し，具体的な 2 方策を決定した．

**(具体的方策－1) 取水流量の正常・異常を検知できるシステムの開発**

導水路の異常を迅速に検出するため，現在の発電流量($\Sigma Qg$)と導水路流下時間を考慮した各えん堤での取水流量の総和($\Sigma Q$)との差を比較しようと考えた(図表 11.4)．

次に，必要なデータを測定し，各えん堤取水流量と発電流量との相関を確認することとした．

**【手順 1】**　各えん堤水位に応じた流速を現場で測定し，導水路の断面積から流量を推定して，「水位－取水流量」の回帰を確認

**【手順 2】**　各えん堤から水槽までの水の到達時間の確認のため，浮子測法により流下時間を実測調査し，この結果から「水位－流下時間」の回帰を確認

**【手順 3】**　バックウォータ現象(下流のえん堤で集中豪雨などにより水位

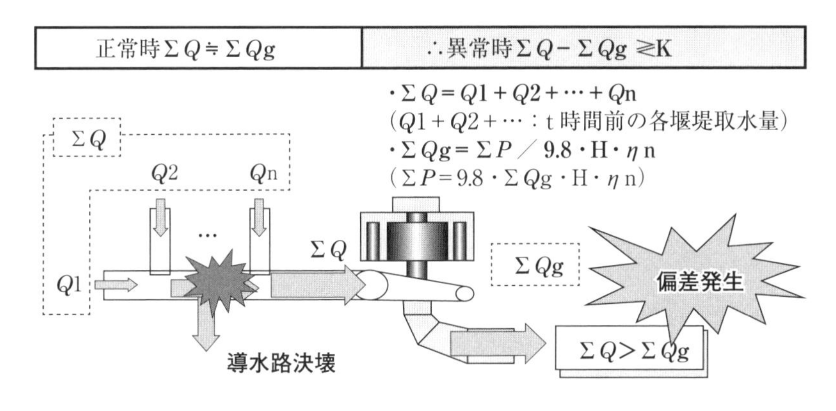


図表 11.4　各えん堤取水流量と発電流量との関係式

が上昇した場合，上流側にも流れる）による誤動作を発生させ

ない形で，最終，各えん堤取水流量と発電流量との相関を確認

以上の工夫により，関係式を満足させ，取水流量について，正常・異常を検知できるシステムを開発した（図表 11.5）．

**最適策の実施（具体的方策－1）**

**（保護特性）**

浮子測法による調査の結果，動作領域 10％以上で『偏差第 1 段』を，20％以上で『偏差第 2 段』を警報・表示させることにした．

この保護特性には不感帯を設けており，集中豪雨で支流域の流入が急増した場合における，導水路のバックウォーター現象をクリアするものとした．

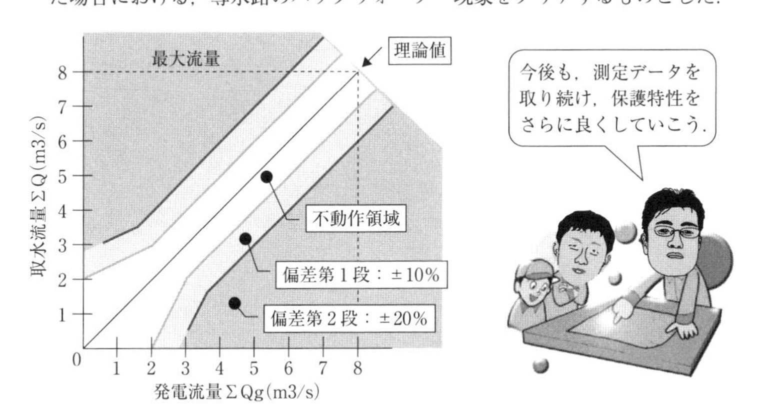


図表 11.5　各えん堤取水流量と発電流量との関係

**(具体的方策－ 2) 大地震による配電線電源脱落が発生しても，迅速かつ安全に取水停止ができる検知制御システムと取水遮断ゲートを開発する．**

①　検知制御システム

震度 6 以上の地震検知ならびに，配電線電源脱落の条件で動作させるなど，配電線電源脱落時でも，取水ゲートなどを安全かつ速やかに自動遮断させる大地震対策回路を製作した．

②　取水遮断装置

導水路の水を遮断するため，制水ゲートなどで遮断する装置を製作した．

## 11.5　効果確認

取水流量の異常を検知できるシステムは検証試行中であり，検知制御システムと取水遮断ゲートは，机上設計を完了した．

# おわりに

新 QC 七つ道具が 1979 年に出版物として発表されて 35 年を経過しようとしている．この間，新 QC 七つ道具は品質管理を中心として広く活用されている．

例えば，方針管理において，創造・発想にもとづいた魅力ある経営戦略と戦術のための手法として定着してきた．また，管理者スタッフのマネジメント活動において，年度会社方針達成のための魅力ある手段の発想と確実な PDCA による問題解決を支援する手法として活用されてきた．さらに，QC サークル活動において，課題達成手段の発想，最適手段の選定，成功シナリオの追究を支援する手法として広く活用されている．

新 QC 七つ道具は，この 35 年あまりの間に，数多くの周辺手法が開発されてきた．① PDPC を発展させた PDCATC 法，② GTE 法のアイデアを活用して PDPC と QFD を組み合わせた QNP 法，③ケプナー・トリゴー法の問題分析における［Is］と［Is not］や決定分析における［必須条件］と［要望条件］の考え方の連関図法やマトリックス図法への導入，④連関図法における DEMATEL 法の活用など．

本書では，そうした新 QC 七つ道具における新しい展開が，企業問題の解決にどのように効果的かつ効率的な成果をもたらしているかを，第Ⅱ部の実践事例として紹介した．

『新 QC 七つ道具の企業への展開』が 1981 年に出版されて 30 年を経過した今日，当時とは違った企業における展開がなされていること，新 QC 七つ道具は生きていることを，読者が感じていただけたとすれば編者として，これにまさる喜びはない．読者諸兄諸姉の会社において，新 QC 七つ道具の新しい展開がなされることを期待するものである．

最後に，本書に貴重な実践事例をご提供いただいたアイシン・エィ・ダブリュ㈱，関西電力㈱，サンデン㈱，トヨタ車体㈱に紙上をかりて，深く感謝申しあげるとともに，執筆の労をとっていただいた各位に御礼申し上げる．

〈著者紹介〉

猪原正守(いはら　まさもり)

1986年大阪大学大学院基礎工学研究科博士課程終了，工学博士取得．

1986年大阪電気通信大学工学部経営工学科講師，1989年同助教授を経て，1996年より情報工学部(現情報通信工学部)情報工学科教授．主な研究分野は，多変量解析，SQC，TQM．

主著に『TQM―21世紀の総合「質」経営』(共著，日科技連出版社，1998年)，『共分散構造分析(事例編)』(共著，北大路書房，1998年)，『経営課題改善実践マニュアル』(共著，日本規格協会，2003年)，『JUSE -StatWorksによる新QC七つ道具入門』(日科技連出版社，2007年)，『新QC七つ道具入門』(日科技連出版社，2009年)，『問題解決における「ばらつき」とのつきあい方を学ぶ』(日科技連出版社，2013年)などがある．

**新QC七つ道具の企業への新たな展開**

**―実践事例で学ぶN7の活用―**

2015年1月31日　第1刷発行

著　者　猪原正守
発行人　田中　健

検印省略

発行所　株式会社　日科技連出版社
〒151-0051　東京都渋谷区千駄ヶ谷5-15-5
DSビル
電　話　出版　03-5379-1244
営業　03-5379-1238

印刷・製本　株式会社中央美術研究所

Printed in Japan



URL　http://www.juse-p.co.jp/

ISBN978-4-8171-9380-3